U0332954

重庆市万州区气象局
重庆市万州区气象学会　编

重庆市万州区
农业气候与灾害
精细化图集

Chongqing Shi Wanzhou Qu
Nongye Qihou yu Zaihai Jingxihua Tuji

气象出版社
China Meteorological Press

图书在版编目（CIP）数据

重庆市万州区农业气候与灾害精细化图集 / 重庆市万州区气象局，重庆市万州区气象学会编. -- 北京：气象出版社，2016.4

ISBN 978-7-5029-6230-2

Ⅰ. ①重⋯ Ⅱ. ①重⋯ ②重⋯ Ⅲ. ①农业区划—气候区划—重庆市—图集②农业—自然灾害—灾害防治—重庆市—图集 Ⅳ. ①S162.227.19-64②S42-64

中国版本图书馆CIP数据核字（2016）第061211号

重庆市万州区农业气候与灾害精细化图集

Chongqing Shi Wanzhou Qu
Nongye Qihou yu Zaihai Jingxihua Tuji

出版发行：气象出版社

地　　址：北京市海淀区中关村南大街46号　　　邮政编码：100081

总 编 室：010-68407112　　　　　　　　　　发 行 部：010-68409198

网　　址：www.qxcbs.com　　　　　　　　　E - m a i l：qxcbs@cma.gov.cn

责任编辑：颜娇珑　胡育峰　　　　　　　　　终　　审：黄润恒

责任校对：王丽梅　　　　　　　　　　　　　责任技编：赵相宁

设　　计：符　赋

印　　刷：北京地大天成印务有限公司

开　　本：787mm×1092mm　1/16　　　　　印　　张：12.25

字　　数：141千字

版　　次：2016年4月第1版　　　　　　　　　印　　次：2016年4月第1次印刷

定　　价：90.00元

《重庆市万州区农业气候与灾害精细化图集》编委会

主　任：彭　亮

副主任：邹世英　徐进明

委　员：伍亚光　周　英　史宏斌　袁久坤　陈元珺　姜　鸣

主　编：石姣姣

顾　问：袁明清　周盈颖　李东川　程　刚

序

习近平总书记指出：解决好"三农"问题始终是全党工作重中之重。万州地处重庆东北部、三峡库区腹心，是全市农业大区。全区农业人口97万，耕地面积150万亩，约占幅员面积的19%。境内长江纵贯南北，山峦起伏，丘陵交错，气候温和，四季分明，雨量充沛，适宜农作物生长。近年来，万州区加快推进农业现代化，形成了"一圈三带多园"区域布局，构建了现代农业产业体系，促进了农业增效、农民增收和农村发展。

气象服务是防灾减灾、趋利避害的重要手段。运用气象科技信息资源，完善农村基层气象防灾减灾体系，可有效应对高温干旱、暴雨、雷电、大风、冰雹、春季低温、连阴雨等气象灾害和洪涝、泥石流、山体滑坡、森林火灾等气象次生灾害。开展面向广大农村的直通式气象服务，能有效提升农业生产科技支撑能力。区气象局利用万州40年以来的气候观测资料和GIS地理信息数据等科研成果，组织编撰了《重庆市万州区农业气候与灾害精细化图集》。图集以图文并茂的形式把复杂的气象问题通俗易懂地表现出来，方便从事"三农"工作的同志们阅读理解和实际运用。

充分利用、推广普及现代科技是转变农业发展方式的重要环节。希望各地各部门充分利用气象科技信息资源，发挥气象为农服务和气象防灾减灾的重要功能，努力推动万州"三农"工作迈上新的台阶。

重庆市万州区政府副区长 张风建

2015 年 11 月

编制说明

万州区地处渝东北，川、渝、陕、鄂交界之地，是一个以农业为基础产业的地区。这里农作物全年均可生长，主要种植水稻、玉米、油菜、红薯、马铃薯等粮油作物，以及烤烟、柑橘、猕猴桃、蚕桑、茶叶、葡萄、龙眼等经济作物。根据万州区的粮经作物特点，开展精细化农业气候区划工作，可以为当地气候资源的开发利用、农业布局等提供依据和指导。

早在20世纪80年代初，包括重庆在内的全国各地都开展了大规模的农业气候区划工作，对农业生产的发展起到了重要作用。但20多年来，制约农业生产的光、热、水等气候资源及气象灾害已发生了变化，农业生产和经济结构也有所调整，原有的农业气候区划已不能适应农业可持续发展和市场经济的需要，深入开展精细化农业气候区划工作迫在眉睫。

另一方面，3S（GIS，RS，GPS）技术在气象领域的应用越来越广泛，无论是在历史气象资料的管理、查询、制图、产品表达、网络发布方面，还是在气象建模分析评价及提供辅助决策等方面，都发挥着不可替代的作用。

利用3S技术进行细网格立体农业气候区划，可以实现气候资源平面与立体，时间与空间全方位优化，为提高资源整体效益提供科学依据，促进本区精准农业的发展。

一、所用资料

本图集所用气象资料为万州国家基本气象观测站 1971—2010 年的逐日气象观测数据，灾情资料所用的是 1984—2010 年万州区气象灾害的灾情普查数据（受灾人口、受灾面积、直接经济损失等），社会经济资料采用的是万州区以乡镇（街道）为行政区域的土地面积、年末总人口、耕地面积、国内生产总值（GDP）等数据，基础地面信息资料采用的是万州区高程、水系、植被等 1:50 000 GIS 数据。本书除温度单位（℃）和积温单位（℃·d）使用单位符号外，其余单位均使用中文符号。

二、研究方法

（一）农业气候区划研究

万州区农业气候区划的研究，主要是结合万州国家基本观测站的气象数据，在分析作物生长发育对气象条件的适应及试验基础上，确定作物区划因子，以及各种农作物生长适宜区、生育时期和农事活动情况，以指导区内农业生产。

研究工作前期，课题组首先对水稻、玉米、油菜、柑橘、猕猴桃、龙眼、茶叶、烤烟、油桐、核桃、板栗等作物在万州区的种植历史、种植规模、历年产量、地理分布及差异进行了详细调查；其次对它们的生物学特性、品种特性、气候条件的适应性、气象条件与品质差异作了进一步研究分析；考虑本区的地形地貌、气候资源状况等因素，最后结合区域内产量分布、品质数据、专家咨询意见综合形成区划指标。

（二）气象灾害风险区划研究

气象灾害风险区划研究是基于灾害风险理论及气象灾害风险形成机制，通过对孕灾环境敏感性、致灾因子危险性、承灾体易损性、防灾减灾能力等多因子综合分析，构建气象灾害风险评价的框架、指标体系、方法与模型，对气象灾害风险程度进行评价和等级划分，借助GIS绘制相应的风险区划图系。气象灾害风险区划是防灾减灾的一项基础工作，在减灾规划与预案制定、国土规划利用、重大工程建设、生态环境保护与建设、灾害管理、法律法规制定等方面都起着重要作用，也是科学决策、管理、规划的重要内容。

气象灾害风险：指各种气象灾害发生及其给人类社会造成损失的可能性。

孕灾环境：指气象危险性因子、承灾体所处的外部环境条件，如地形地貌、水系、植被分布等。

致灾因子：指导致气象灾害发生的直接因子，如暴雨洪涝、干旱、高温、冰雹、雷电等。

承灾体：气象灾害作用的对象，是人类活动及其所在社会中各种资源的集合。

孕灾环境敏感性：指受到气象灾害威胁的所在地区外部环境对灾

害或损害敏感程度。在同等强度的灾害情况下，敏感程度越高，气象灾害所造成的破坏损失越严重，气象灾害的风险也越大。

致灾因子危险性：指气象灾害异常程度，主要是由气象致灾因子活动规模（强度）和活动频次（概率）决定的。一般致灾因子强度越大，频次越高，气象灾害所造成的破坏损失越严重，气象灾害的风险也越大。

承灾体易损性：指可能受到气象灾害威胁的所有人员和财产如人、牲畜、房屋、农作物等的伤害或损失程度。一个地区人口和财产越集中，易损性越高，可能遭受潜在损失越大，气象灾害风险越大。

防灾减灾能力：受灾区对气象灾害的抵御和恢复程度。包括应急管理能力、减灾投入资源准备等，防灾减灾能力越高，可能遭受的潜在损失越小，气象灾害风险越小。

气象灾害风险区划：指在孕灾环境敏感性、致灾因子危险性、承灾体易损性、防灾减灾能力等因子进行定量分析评价的基础上，为了反映气象灾害风险分布的地区差异性，根据风险度指数的大小，将风险区划分为若干个等级。

万州概述

一、自然地理位置

重庆市万州区地处四川盆地东部、重庆市东北部，位于长江三峡库区腹心地段。万州主城区水路里程上距重庆市327千米，下距宜昌321千米，距三峡水利枢纽工程大坝283千米。东与云阳县，南与石柱县和湖北利川市，西与忠县、梁平县，北与开县和四川省开江县接壤。其地理位置位于东经107°52′22″—108°53′25″，北纬30°24′25″—31°14′58″。全境东西长97.2千米，南北宽67.3千米。全区土地面积3 457平方千米。

二、行政区划

万州区辖52个乡、镇、街道，分别为：柱山乡、九池乡、铁峰乡、黄柏乡、溪口乡、燕山乡、长坪乡、梨树乡、普子乡、地宝乡、茨竹乡、恒合土家族乡，高峰镇、龙沙镇、响水镇、武陵镇、瀼渡镇、甘宁镇、天城镇、熊家镇、大周镇、小周镇、孙家镇、高梁镇、李河镇、分水镇、余家镇、后山镇、弹子镇、长岭镇、新田镇、走马镇、白土镇、长滩镇、白羊镇、太安镇、龙驹镇、太龙镇、罗田镇、新乡镇、郭村镇，高笋塘街道、太白街道、牌楼街道、双河口街道、龙都街道、周家坝街道、沙河街道、钟鼓楼街道、百安坝街道、五桥街道、陈家坝街道。

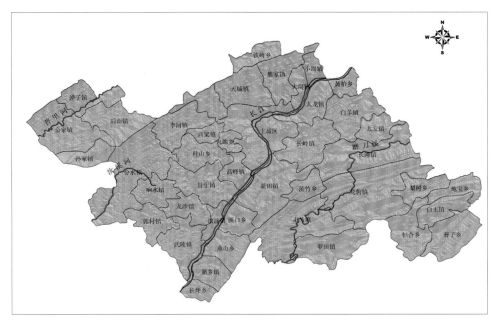

万州区行政区划

三、区域人口

截至 2014 年末，全区户籍人口 175.77 万人，比上年末增加
4 242 人。其中非农业人口 78.8 万人。常住人口 160.46 万人，比上年
末增加 9 200 人。全年出生人口 18 038 人，人口出生率为 10.26‰；
死亡人口 9 799 人，人口死亡率 5.57‰；人口自然增长率为 4.69‰（据
万州区公安口径）。

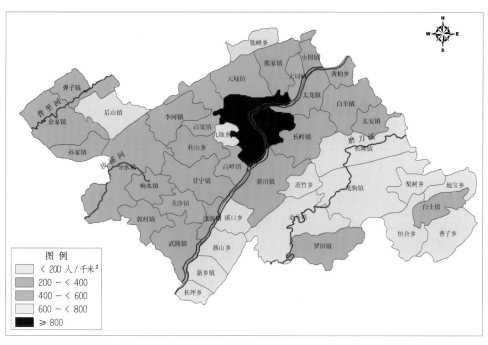

万州区人口密度分布

四、地形地貌

　　铁峰山和方斗山、七曜山呈东北西南走向，分别分布于万州区北部和南部。铁峰山在万州境内最高处为肖垭口，海拔 1 373.3 米，七曜山在万州境内最高点是普子乡沙坪峰，海拔 1 762 米。万州区最低处在黄柏乡金家村槽房院子江边，海拔 106 米。万州区最大高差 1 656 米。

　　长江自西南向东北横贯全区，形成南北高、中间低的地势。丘陵山地主要集中于海拔 1 000 米以下的平行岭谷区，1 000 米以上的中山区主要集中在铁峰山、方斗山、七曜山等地。山体多为砂岩组成，山脊多呈锯齿状和长垣状，背斜岩石经水流溶蚀，形成细长槽谷。南北山间的空阔向谷地，多呈丘陵，其间海拔在 250 ~ 600 米的地带，多为台阶状深丘，平坝面积极少，以甘宁坝、一碗水、龙沙坝、龙驹坝、卢家坝、白洋坝、柳坝较大。中部长江自西南与石柱、忠县交界的万州区长坪乡入境，经黄柏乡出境，流入云阳县，流程 80.4 千米。

　　万州区由于受隔挡式地质褶皱构造和外营力作用的影响，地形起伏、山丘多姿、沟壑纵横、切割强烈，地貌形态尤其多样，但以低山、丘陵为主，间有河流阶地，浅丘平坝地貌。全境从北向南，依次由假角山、铁峰山、方斗山、龙驹山、七曜山等背斜低、中山山脉构成基本骨架，红层丘陵低山散布于两山之间。长江从西南方向入境，在铁峰山与方斗山之间的箱状宽缓谷地中部流向东北出境，天然的将万州截成大体相等的江南和江北两大部分，整个地形由长江河谷两岸向南北方向高起。方斗山为万州区主体山脉，往北由紧凑陡窄、北缓南陡的假角山、铁峰山背斜低山为岭，宽缓开阔的渠马河向斜和万州复向斜红层丘陵、台状低山为谷，构成条状平行排列岭谷相间的低山丘陵地区。由于长期的侵剥蚀分别形成"一山三岭两槽"和"一山两岭一槽"的山体形态。向斜谷地由狭长条状阶地、大小平地、单斜中丘、中深丘等各式丘陵和台状低山镶嵌其间，台状低山因地层岩层产状近于水平，经水流切割后，顶部大都平缓宽敞、四周陡峭、沟谷狭长。方斗山北麓以南，由方斗山、龙驹山、七曜山三个背斜和赶场、马头两个向斜构成深沟窄谷，低中山山地起伏明显，七曜山背斜岩溶发育较好，龙驹背斜低于两侧向斜，呈背斜谷向斜山的倒置地貌，河谷由沙洲、河漫滩及岸边阶地构成。

区内丘陵，主要集中在海拔800米以下的平行岭谷区，是主要农业耕作重点区；低山区，主要为海拔500~1000米的山区，是区内最主要的地貌形态，是主要产粮和经济作物地区；中山区，主要集中在海拔1000米以上的七曜山等地，主要适宜种植果木、药材和牧草等。

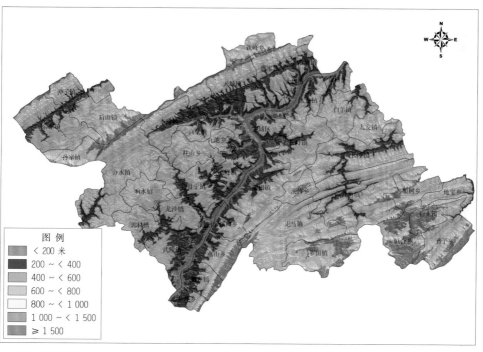

万州区地形地貌

五、河流分布

万州区境内河流纵横，河流、溪涧切割深，落差大，高低悬殊，呈枝状分布，均属长江水系。长江自西南石柱、忠县交界的长坪乡石槽溪入境，向东北横贯腹地，经黄柏乡流入云阳县，流程 80.4 千米。磨刀溪于走马镇石板滩处入境，再经大滩口、鱼背山、赶场、长滩后，于向家咀出境至云阳县新津口注入长江，境内流程 67.3 千米。全区流域面积 30 千米^2 以上河流共 31 条，其中 30 ~ 100 千米^2 17 条。100 千米^2 以上的河流有江北的苎溪河、瀼渡河、石桥河、汝溪河、浦里河，江南的泥溪河、五桥河、新田河共 8 条，溪沟 93 条。河流具有流程短、流量小且暴涨暴落等山区河流的特征。总水域面积为 16.3 万亩*（1.08 万千米^2），水资源总量 44 亿米^3。

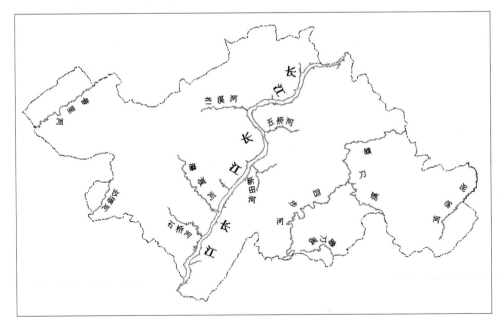

万州区河流分布

---

* 面积单位，1 亩 ≈ 666.67 米^2，下同。

六、气象监测站点分布

　　截至 2015 年 9 月，万州区境内有国家气象站 2 个，分别是万州国家基本气象站和天城国家气象站。人影固定炮站 3 个，分别位于孙家镇、白土镇、恒合土家族乡。其他各类自动气象站点 100 个（其中区域站 31 个，剖面站 9 个，山洪站 30 个，交通站 4 个，航道站 4 个，农田环境自动站 4 个，大棚环境监测站 1 个，土壤水分站 2 个，能见度站 1 个，百米梯度监测铁塔 1 座，自建加密站 13 个），气象监测站点平均间距达 5.82 千米，见下图。

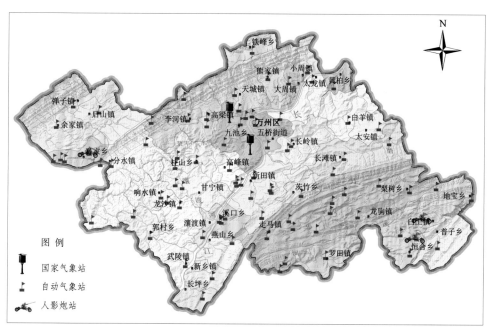

万州区气象监测站点分布

目录

气象防灾减灾篇

开发利用气候资源篇

第一章　气候资源

一、气温

气温是表征空气冷热程度的物理量，在我国用摄氏温标（℃）来表示。未经特别说明，气温一般指的是地面气温，是气象台站在距离地面 1.5 米处的百叶箱内测得的。气温一般随海拔高度升高而降低，海拔每升高 100 米，气温降低约 0.65 ℃。

在农业生产中，适宜的温度是农作物生存和生长发育的重要条件之一。一方面，温度直接影响作物生长、分布界限和产量；另一方面，温度也影响着作物的发育速度，从而影响作物生育期的长短、各发育期的长短及各发育期出现的早晚。此外，温度还影响着作物病虫害的发生和发展。

万州区城区年平均气温为 18.2 ℃，极端最高气温 42.3 ℃（2006年 8 月 15 日），极端最低气温 –2.2 ℃（1989 年 1 月 30 日）。月平均气温 7 月最高，8 月次之；1 月最低。四季平均气温以夏季最高，为 27.4 ℃；秋季次之，为 19.0 ℃；春季较冷，为 17.9 ℃；冬季最冷，为 8.5 ℃。

万州区年平均气温随海拔分布特征显著，全区大部地区年平均气温为 14 ～ 18 ℃，长江河谷一带年平均气温较高，可达 18 ～ 19 ℃，铁峰山、方斗山、七曜山等较高海拔地区年平均气温低于 10 ℃。

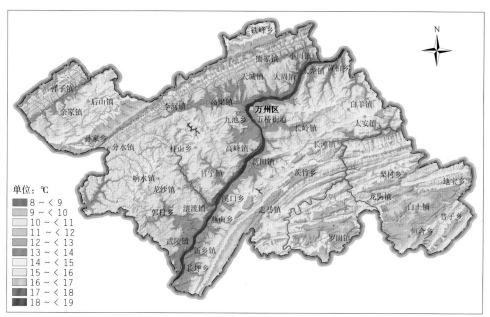

图 1-1-1　年平均气温

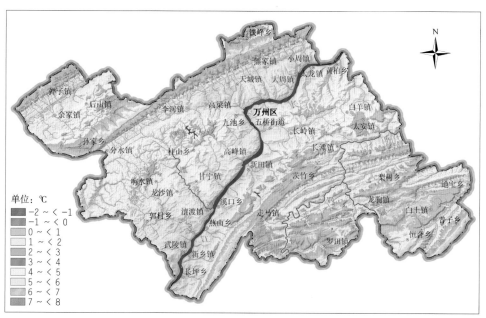

图 1-1-2　1月平均气温

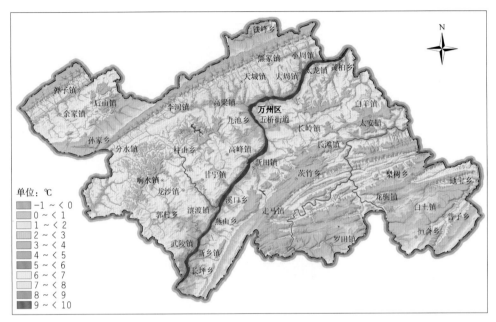

图 1-1-3 2月平均气温

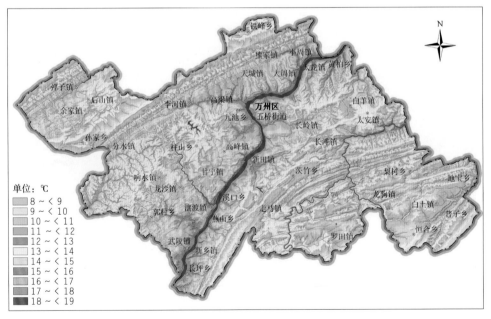

图 1-1-4 3月平均气温

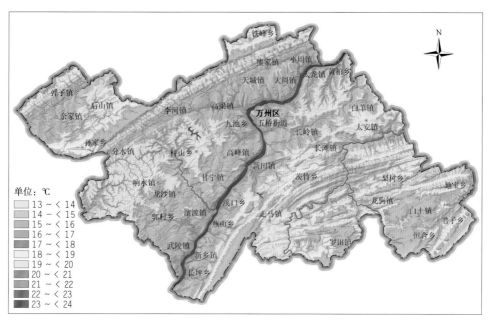

图 1-1-5 4月平均气温

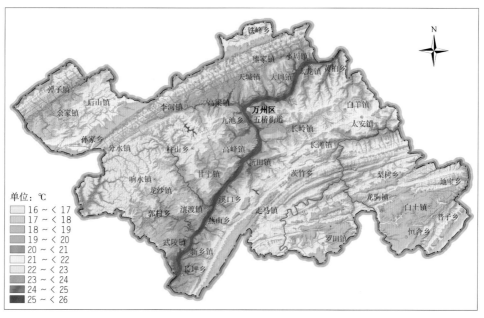

图 1-1-6 5月平均气温

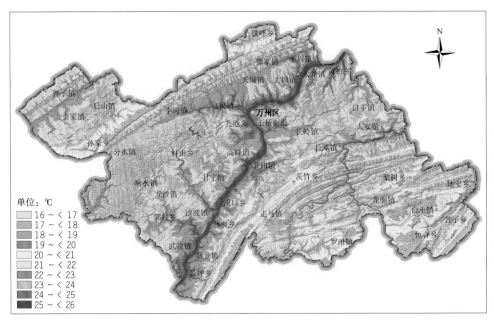

图 1-1-7　6月平均气温

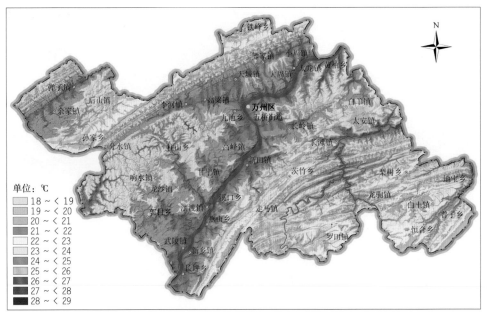

图 1-1-8　7月平均气温

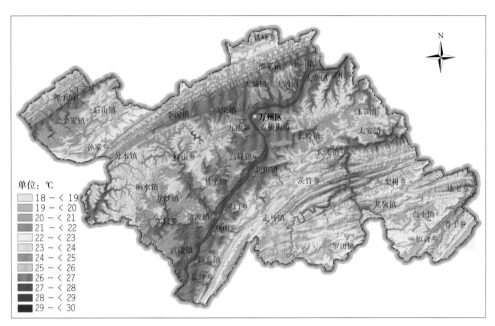

图 1-1-9 8月平均气温

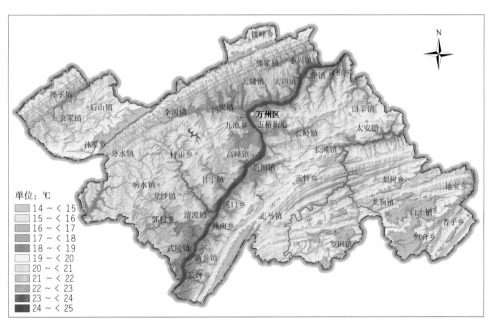

图 1-1-10 9月平均气温

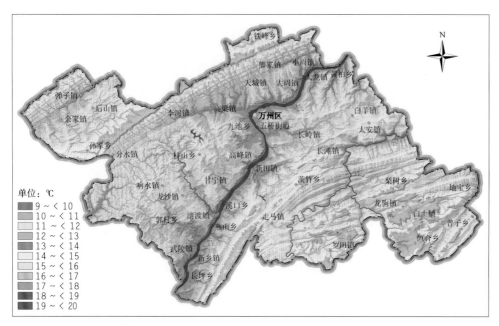

图 1-1-11　10 月平均气温

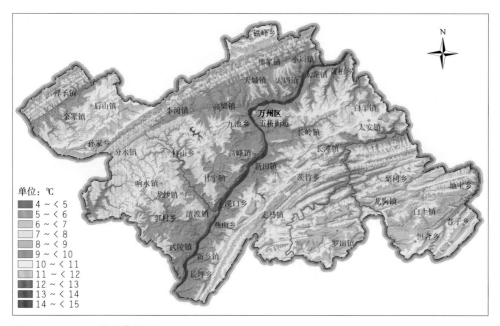

图 1-1-12　11 月平均气温

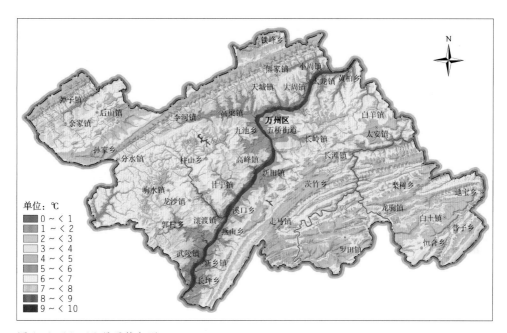

图 1-1-13　12月平均气温

第一章　气候资源

万州区大部地区春季平均温度为 13 ～ 18℃，只有方斗山、七曜山等山脉的山脊小范围地区低于 10℃。春季冷暖空气对峙并交替影响，气温变化比较剧烈，晴好天气时最高气温可达 30℃ 以上，冷空气影响时常有平均气温下降超过 8℃ 的强降温天气，还会出现"倒春寒"，对农业生产造成危害。

万州区夏季平均气温最高，大部地区为 22 ～ 27℃，高山地区低于 20℃。特别是 7，8 月，本区受副热带高压控制，常常出现连晴高温天气，引发旱灾。

万州区大部地区秋季平均气温为 14 ～ 19℃，方斗山、七曜山上海拔高于 1 500 米的高山地区低于 10℃，秋季副热带高压减弱，冷空气的影响增强，常常会出现强降温天气。

万州区冬季平均气温最低，大部地区为 3 ～ 8℃，高山地区低于 0℃，本区大部地区冬季较少出现雨雪天气，部分高山地区才有雨雪天气，还会出现积雪甚至道路结冰。

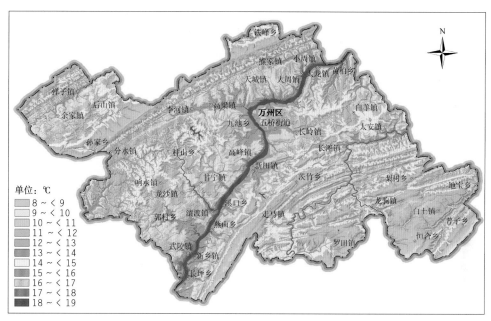

图 1-1-14　春季平均气温

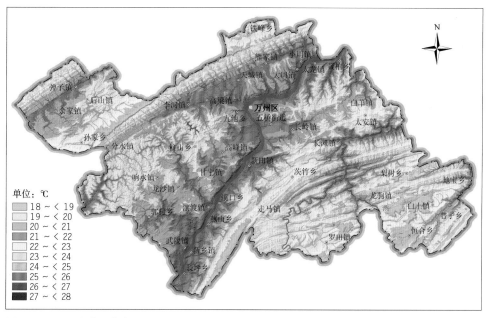

图 1-1-15　夏季平均气温

第一章　气候资源

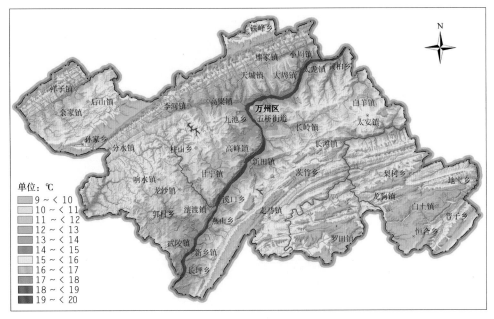

图 1-1-16　秋季平均气温

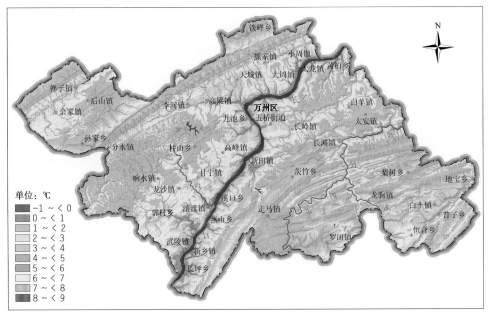

图 1-1-17　冬季平均气温

二、降水

　　降水是指大气中冷凝的水汽以不同方式下降到地球表面的天气现象。降雨等级分为小雨、中雨、大雨、暴雨、大暴雨和特大暴雨。24 小时之内降水量在 0.1 ~ 9.9 毫米的为小雨，10 ~ 24.9 毫米为中雨，25 ~ 49.9 毫米为大雨，50 毫米以上为暴雨（大暴雨或特大暴雨）。万州区降水较为丰沛，主要集中在 5—9 月，4 月开始降水迅速增多，进入多雨季节，7 月达到峰值，10 月以后降水明显减少，冬季（12 月—次年 2 月）降水稀少。

　　万州城区年降水量为 1 184.8 毫米，年最大降水量为 1 635.2 毫米（1982 年）。春季平均降水量为 305.1 毫米，夏季为 537.2 毫米，秋季为 287.4 毫米，冬季为 54.9 毫米。

　　万州区降水地域分布呈南北多中部少的特点，其中长江河谷南坡年降水量大多不超过 1 200 毫米。而东南部及东北部海拔较高地带年降水量超过 1 500 毫米。

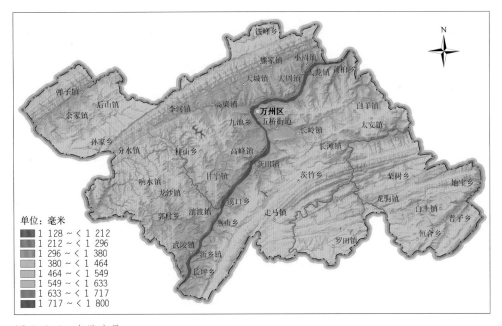

图 1-2-1 年降水量

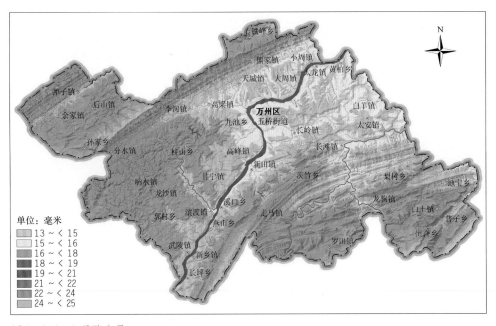

图 1-2-2 1 月降水量

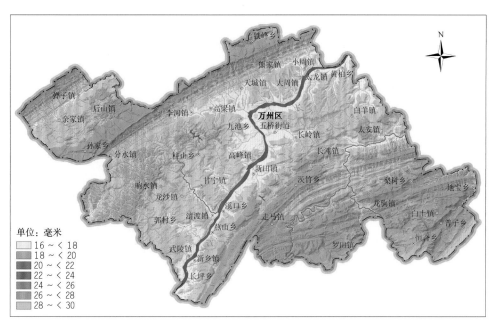

图 1-2-3 2月降水量

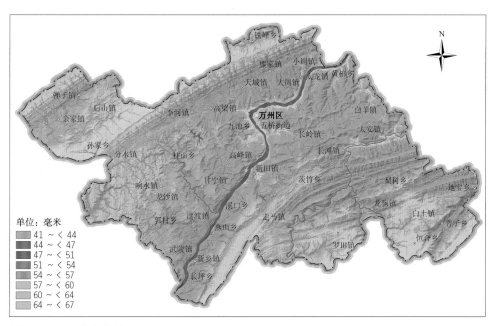

图 1-2-4 3月降水量

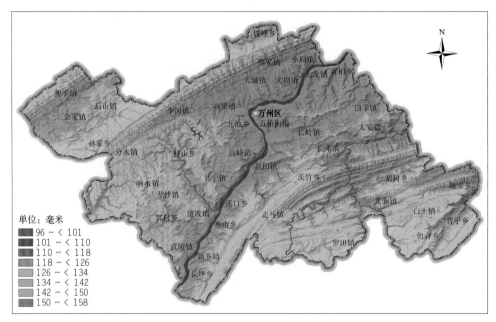

图 1-2-5 4月降水量

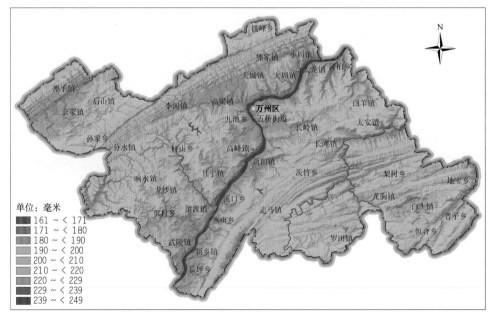

图 1-2-6 5月降水量

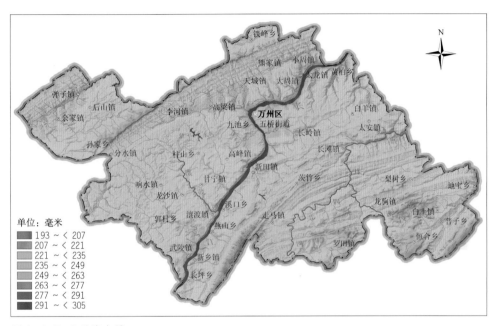

图 1-2-7 6月降水量

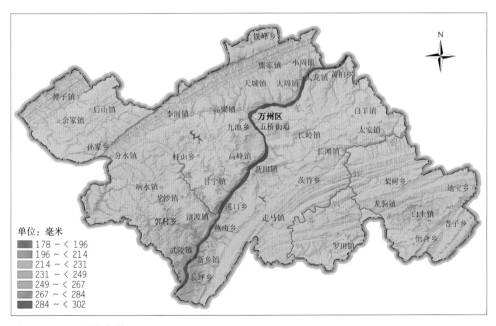

图 1-2-8 7月降水量

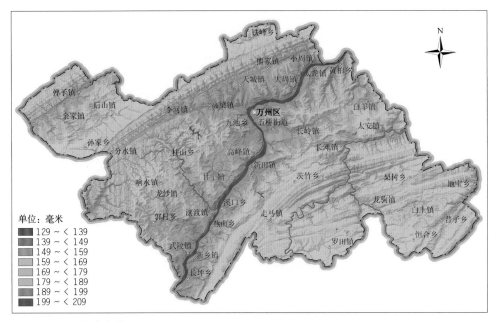

图 1-2-9 8月降水量

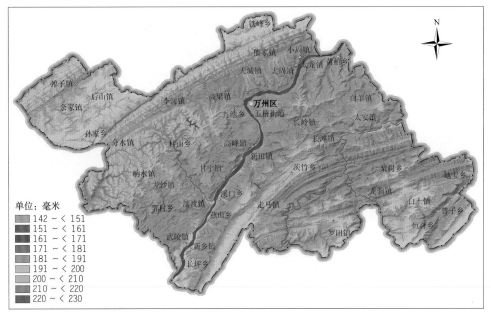

图 1-2-10 9月降水量

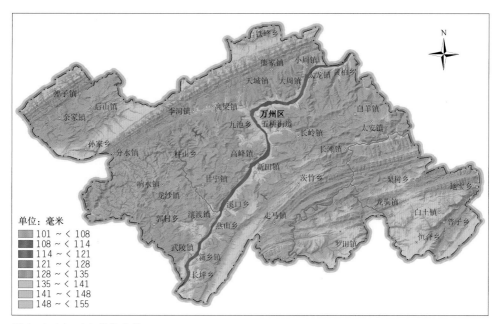

单位：毫米
- 101 ~ < 108
- 108 ~ < 114
- 114 ~ < 121
- 121 ~ < 128
- 128 ~ < 135
- 135 ~ < 141
- 141 ~ < 148
- 148 ~ < 155

图 1-2-11　10 月降水量

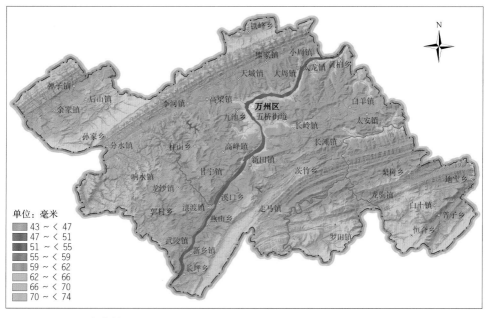

单位：毫米
- 43 ~ < 47
- 47 ~ < 51
- 51 ~ < 55
- 55 ~ < 59
- 59 ~ < 62
- 62 ~ < 66
- 66 ~ < 70
- 70 ~ < 74

1-2-12　11 月降水量

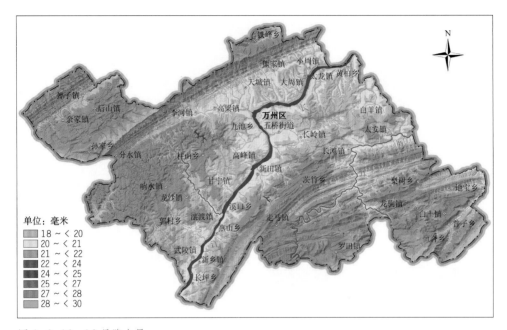

图 1-2-13　12 月降水量

随着气温升高和西南暖湿气流增强，春季强对流天气开始增多，大雨和暴雨天气陆续出现。春季降水占全年降水的20%～30%，区域分布也呈南北多中部少的特征，大部地区雨量为300～380毫米。

　　夏季是万州区降水最为集中的季节，其总降水量占全年降水量的40%～50%。夏季降水分布较为均匀，大部地区雨量在520～680毫米，但在铁峰山、方斗山、七曜山等高山地区降水明显偏多。

　　秋季降水比春季降水略少，大部地区在290～360毫米，约占全年降水量的2成。降水分布较为均匀，但海拔较高的孙家、后山、走马、白土等乡镇较其他地方要偏多。

　　冬季降水多为小雨天气。降水分布大致以长江为界，呈西多东少的特点，东部地区降水量为50毫米左右，西部地区为60毫米，均不足全年降水量的1成。

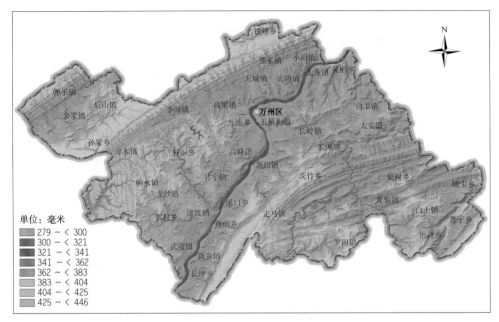

图 1-2-14　春季降水量

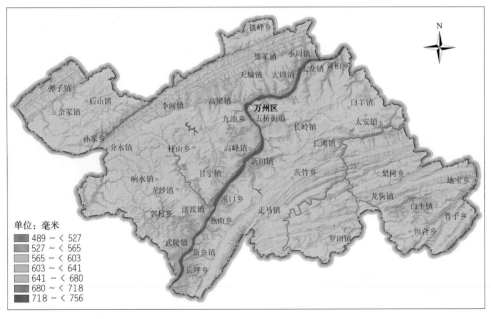

图 1-2-15　夏季降水量

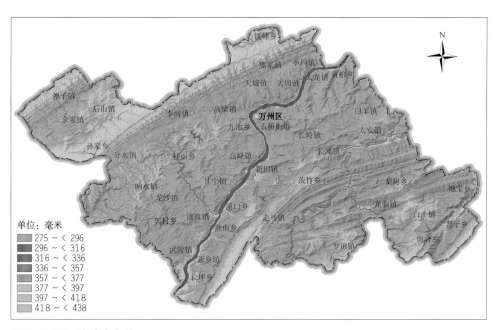

图 1-2-16　秋季降水量

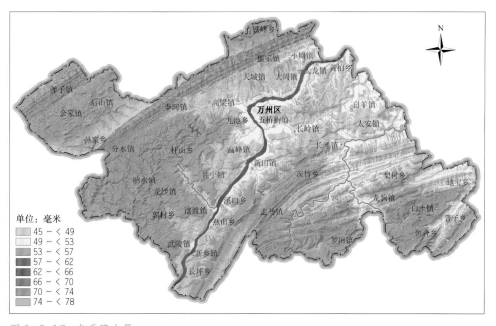

图 1-2-17　冬季降水量

三、日照时数

日照时数也称日照时间，简称日照，指太阳在一地实际照射地面的时数，以小时为单位。万州区湿度较大，因而日照较少。全区年日照时数分布较为均匀，为 1 000 ~ 1 300 小时，其中河谷、岭谷日照时数相对较少，高山、平坝地带日照时数则相对较多。万州区日照时数也有明显的季节性，其中夏季日照最为充沛，峰值出现在 8 月。

万州城区年平均日照时数为 1 168.2 小时，其中春季平均日照时数为 313.8 小时，夏季为 502.8 小时，秋季为 259.6 小时，冬季为 91.5 小时。

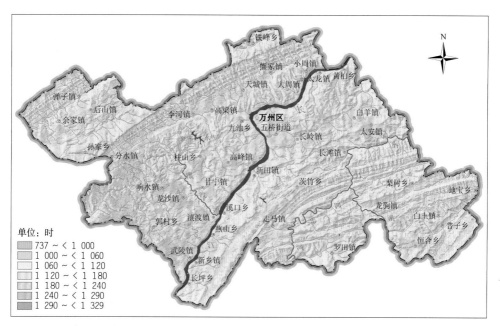

图 1-3-1 年日照时数

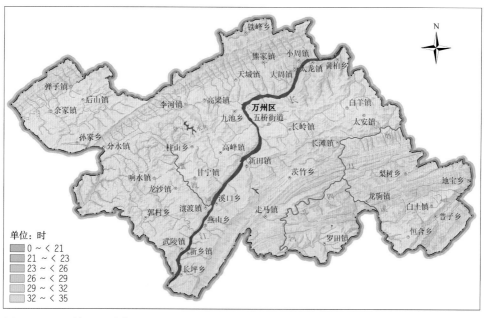

图 1-3-2 1月日照时数

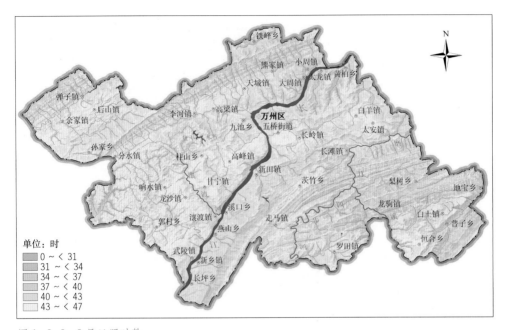

图1-3-3 2月日照时数

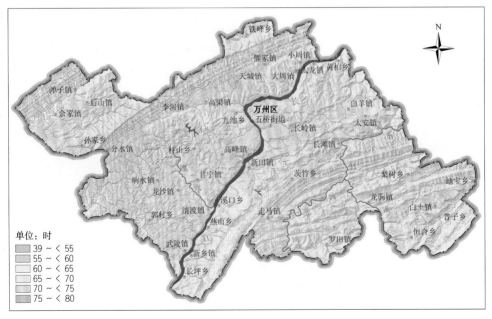

图1-3-4 3月日照时数

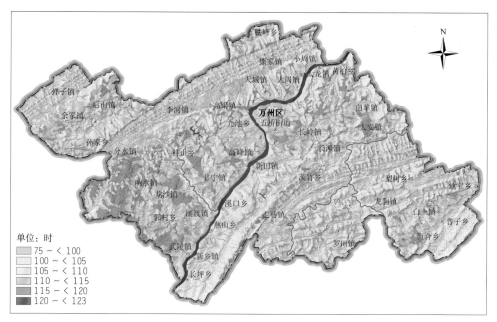

图 1-3-5　4月日照时数

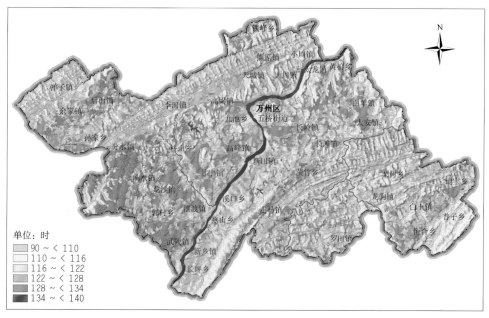

图 1-3-6　5月日照时数

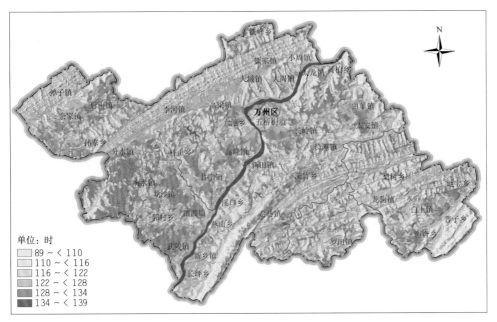

图 1-3-7　6月日照时数

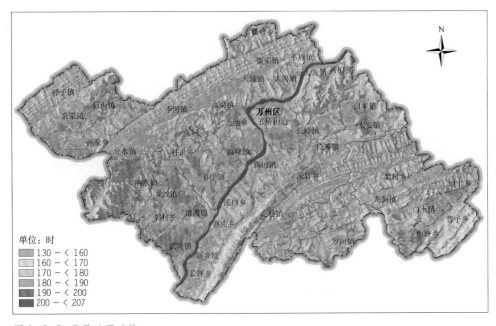

图 1-3-8　7月日照时数

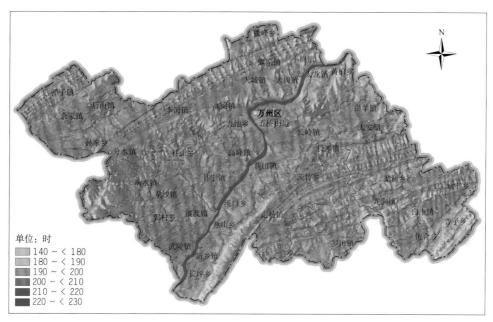

单位：时
140 ~ < 180
180 ~ < 190
190 ~ < 200
200 ~ < 210
210 ~ < 220
220 ~ < 230

图 1-3-9　8月日照时数

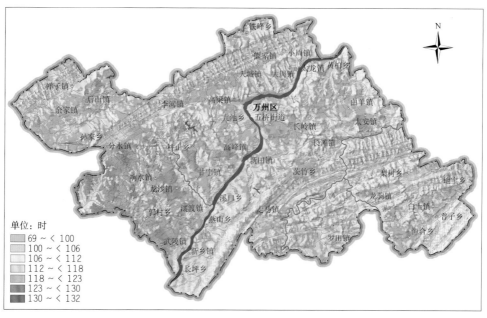

单位：时
69 ~ < 100
100 ~ < 106
106 ~ < 112
112 ~ < 118
118 ~ < 123
123 ~ < 130
130 ~ < 132

图 1-3-10　9月日照时数

第一章　气候资源

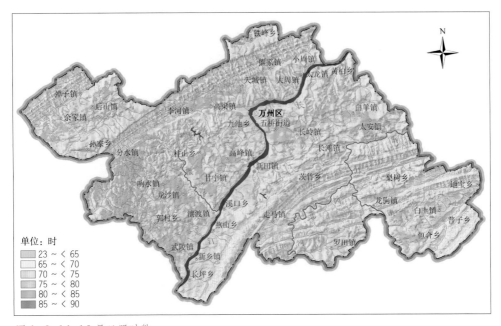

图 1-3-11 10月日照时数

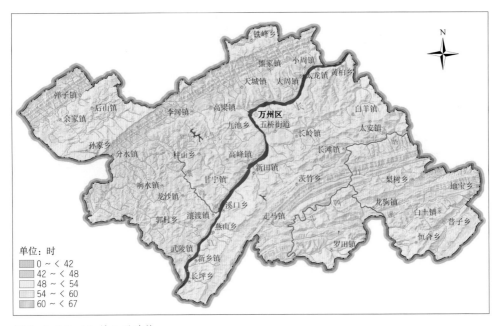

图 1-3-12 11月日照时数

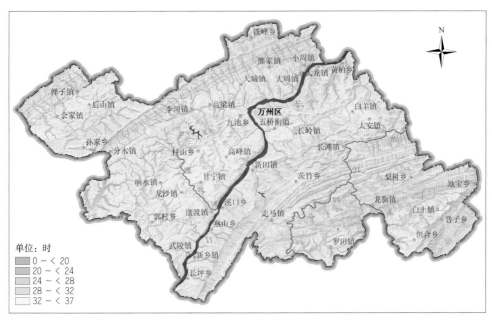

图 1-3-13 12 月日照时数

单位：时
- 0 ~ < 20
- 20 ~ < 24
- 24 ~ < 28
- 28 ~ < 32
- 32 ~ < 37

第一章　气候资源

春季日照时数大部地区为 300 ~ 330 小时，占全年日照时数的 20% ~ 30%。

夏季日照时数大部地区为 470 ~ 550 小时，占全年日照时数的 4 成多。其中 8 月日照时数最多，7 月次之。7，8 月万州区受西太平洋副热带高压控制，天气晴朗，加之白昼时间长，因而日照时数多。

秋季日照时数大部地区为 220 ~ 280 小时，约占全年日照时数的 2 成，比春季少。

冬季日照时数最少，为 100 小时左右，不到全年日照时数的 1 成。

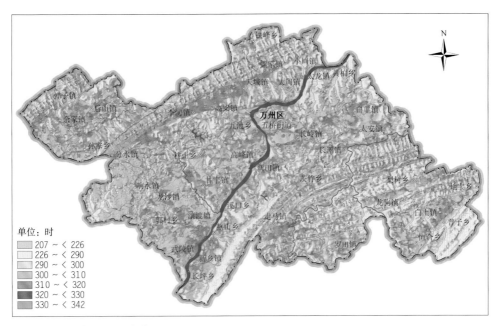

图 1-3-14 春季日照时数

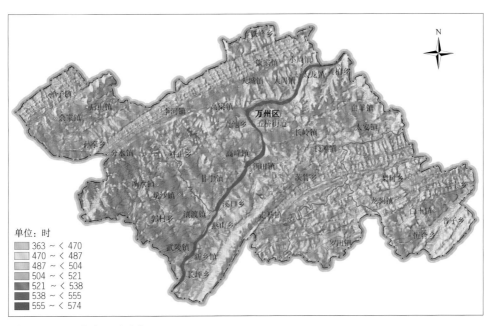

图 1-3-15 夏季日照时数

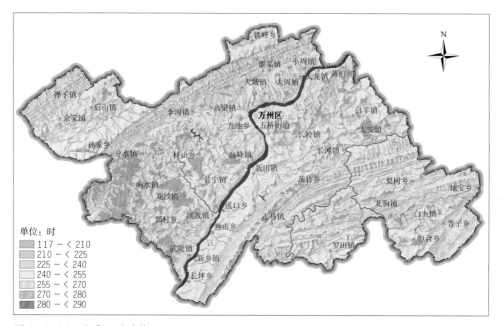

单位：时
- 117 ~ < 210
- 210 ~ < 225
- 225 ~ < 240
- 240 ~ < 255
- 255 ~ < 270
- 270 ~ < 280
- 280 ~ < 290

图 1-3-16　秋季日照时数

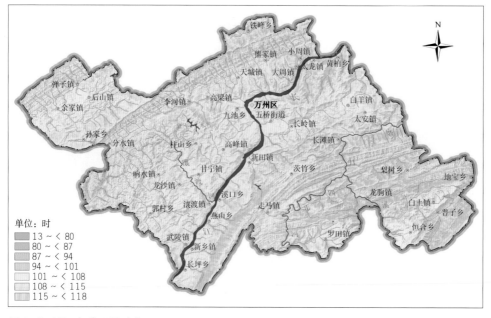

单位：时
- 13 ~ < 80
- 80 ~ < 87
- 87 ~ < 94
- 94 ~ < 101
- 101 ~ < 108
- 108 ~ < 115
- 115 ~ < 118

图 1-3-17　冬季日照时数

四、积温

积温指一定时期内逐日平均气温的累积值，是衡量作物生长发育过程热量条件的一种标尺，也是表征地区热量条件的一种标尺。某种作物完成某一生长发育阶段或完成全部生长发育过程，所需的积温为一相对固定值。常用的积温种类主要有活动积温和有效积温两种。作物开始生长发育要求一定的下限温度，是作物生长发育的起始温度，又称为生物学零度。把高于下限温度的日平均气温称为活动温度，作物在某一段时间内活动温度的总和称为活动积温。活动温度与下限温度之差称为有效温度，作物在某时段内有效温度的总和称为有效积温。文中所统计的积温均为活动积温。农业生产中，使用较多的是大于或等于 0 ℃ 积温和大于或等于 10 ℃ 积温。

（1）大于或等于 0 ℃ 积温：日平均气温大于或等于 0 ℃ 的持续日数可以用来评定一个地区农事季节的长短，而大于或等于 0 ℃ 积温则表示这个地区农事季节的总热量。利用农事季节的长短和大于或等于 0 ℃ 的积温，可以确定当地的耕作制度。

（2）大于或等于 10 ℃ 积温：日平均气温 10 ℃ 是喜温作物生长的起始温度，小于 10 ℃ 喜温作物光合作用显著减弱，并停止生长。一般以日平均气温大于或等于 10 ℃ 的持续日数反映大春作物生长季的长短，大于或等于 10 ℃ 积温反映大春作物生长季的热量资源状况。利用大春作物生长季的长短和大于或等于 10 ℃ 积温，可以确定当地大春作物的种植结构。

根据万州区的气候特点和种植特点，选用了 6 种条件下的积温，分别是年大于或等于 0 ℃积温、年大于或等于 10 ℃积温、小春（10 月—次年 5 月）大于或等于 0 ℃积温、小春大于或等于 10 ℃积温、大春（3—9 月）大于或等于 0 ℃积温、大春大于或等于 10 ℃积温。

万州区大部地区年大于或等于 0 ℃的积温为 5 000 ~ 6 300 ℃·d，长江及其支流河谷沿岸一带较高，为 5 800 ~ 6 700 ℃·d，铁峰山、方斗山、七曜山等海拔较高地区较低，在 4 500 ℃·d 以下。

万州区大部地区年大于或等于 10 ℃的积温为 4 300 ~ 5 500 ℃·d，长江及其支流河谷沿岸一带较高，大于 5 500 ℃·d，铁峰山、方斗山、七曜山等海拔较高地区较低，在 4 300 ℃·d 以下。

万州区大部地区小春大于或等于 0 ℃的积温为 2 800 ~ 3 200 ℃·d，长江及其支流河谷沿岸一带乡镇超过 3 200 ℃·d。

万州区大部地区小春大于或等于 10 ℃的积温为 2 100 ~ 2 600 ℃·d，高山地区在 2 100 ℃·d 以下。

万州区大部地区大春大于或等于 0 ℃的积温为 3 900 ~ 4 600 ℃·d，分布基本与海拔呈负相关，即高海拔地区积温较低，平坝河谷积温较高。

万州区大部地区大春大于或等于 10 ℃的积温为 3 600 ~ 4 600 ℃·d，长江及其支流河谷沿岸一带偏高，高山地区偏低。

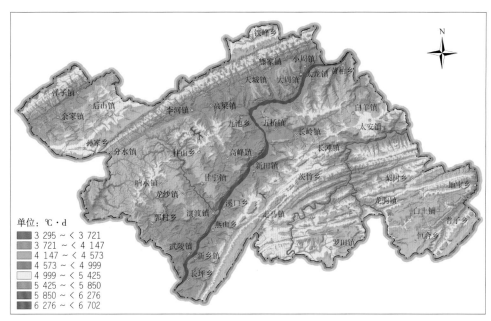

图 1-4-1　年大于或等于 0 ℃ 积温

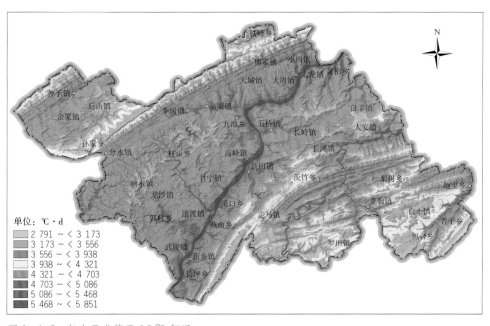

图 1-4-2　年大于或等于 10 ℃ 积温

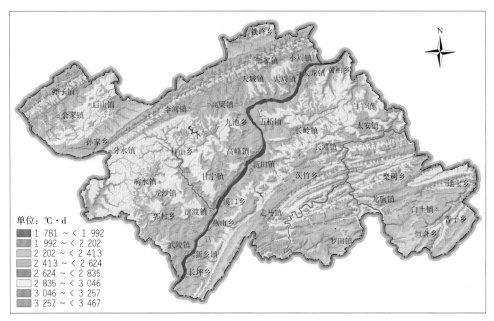

图 1-4-3　小春大于或等于 0 ℃ 积温

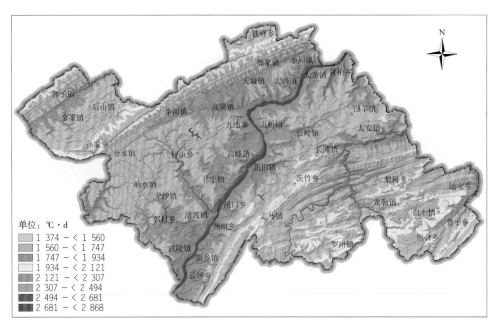

图 1-4-4　小春大于或等于 10 ℃ 积温

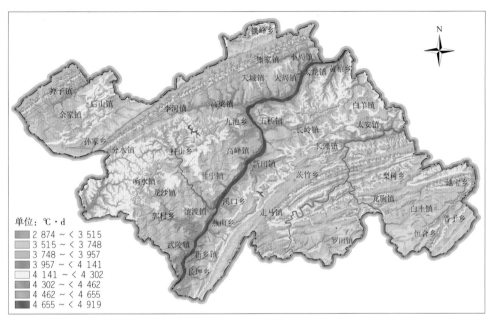

单位: ℃·d

- 2 874 ~ < 3 515
- 3 515 ~ < 3 748
- 3 748 ~ < 3 957
- 3 957 ~ < 4 141
- 4 141 ~ < 4 302
- 4 302 ~ < 4 462
- 4 462 ~ < 4 655
- 4 655 ~ < 4 919

图 1-4-5　大春大于或等于 0℃ 积温

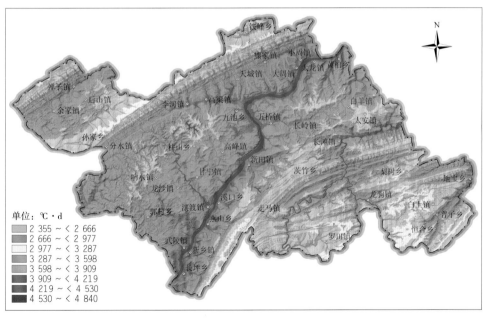

单位: ℃·d

- 2 355 ~ < 2 666
- 2 666 ~ < 2 977
- 2 977 ~ < 3 287
- 3 287 ~ < 3 598
- 3 598 ~ < 3 909
- 3 909 ~ < 4 219
- 4 219 ~ < 4 530
- 4 530 ~ < 4 840

图 1-4-6　大春大于或等于 10℃ 积温

第一章　气候资源

五、辐射

（一）天文辐射量

天文辐射是指由太阳对地球的天文位置而确定的到达地球大气上界的太阳辐射量。天文辐射的分布和变化不受大气影响，主要决定于日地距离、太阳高度角和白昼长度。

太阳高度角大，到达上界的太阳辐射强度大；反之，则小。低纬地区太阳高度角大，随之天文辐射日总量大，一年之内太阳高度角的变化小，随之日总量的年较差小；高纬地区，太阳高度角小，因而天文辐射日总量小，一年之内的太阳高度角变化大，因而日总量的年较差大。天文辐射的这种随纬度分布不均，由低纬向高纬的逐渐减少，是形成气温的纬度地带性分布的基本原因。

天文辐射的时间变化是有规律的周期性变化，即有日变化和年变化。

天文辐射是地球大气产生冷暖变化的根本原因，也是产生各种天气现象的动因。

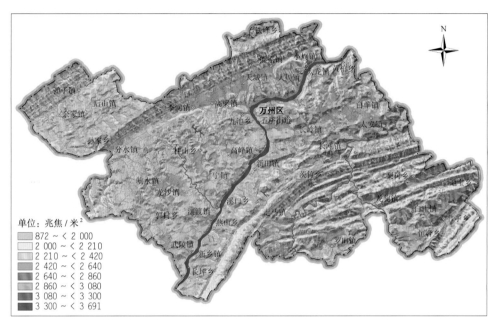

图 1-5-1 年天文辐射量

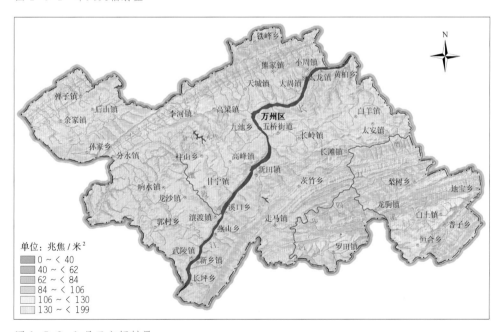

图 1-5-2 1月天文辐射量

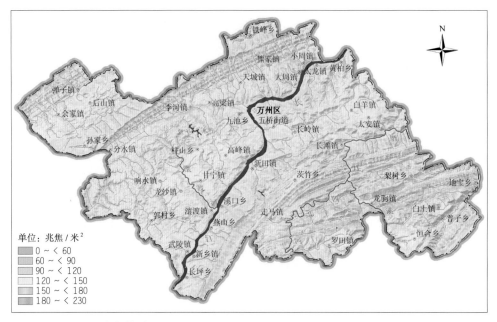

图 1-5-3　2月天文辐射量

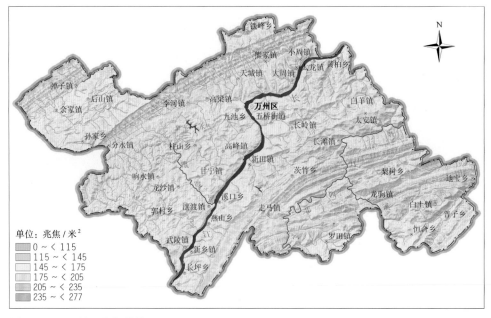

图 1-5-4　3月天文辐射量

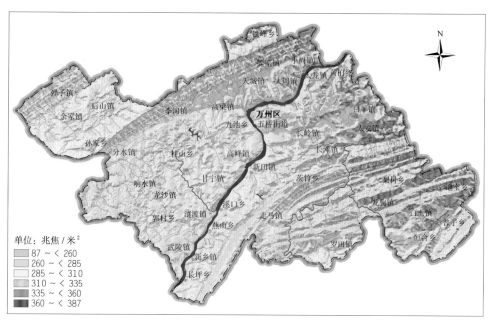

单位：兆焦 / 米²
- 87 ~ < 260
- 260 ~ < 285
- 285 ~ < 310
- 310 ~ < 335
- 335 ~ < 360
- 360 ~ < 387

图 1-5-5　4 月天文辐射量

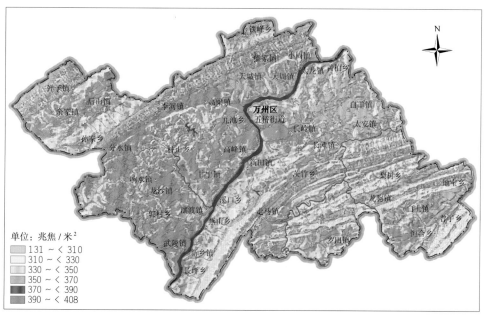

单位：兆焦 / 米²
- 131 ~ < 310
- 310 ~ < 330
- 330 ~ < 350
- 350 ~ < 370
- 370 ~ < 390
- 390 ~ < 408

图 1-5-6　5 月天文辐射量

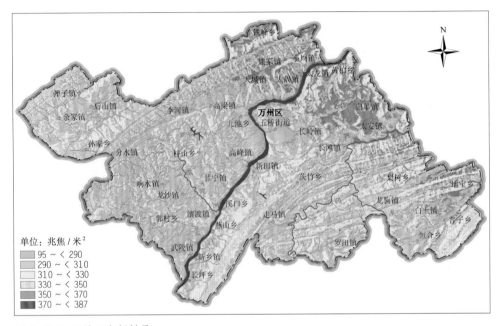

图 1-5-7　6月天文辐射量

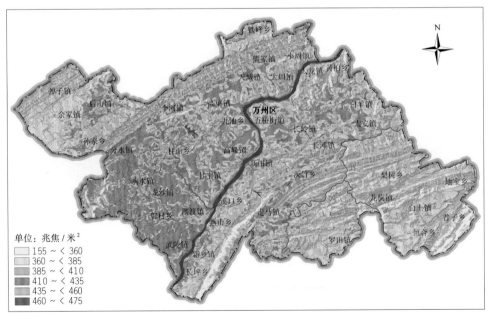

图 1-5-8　7月天文辐射量

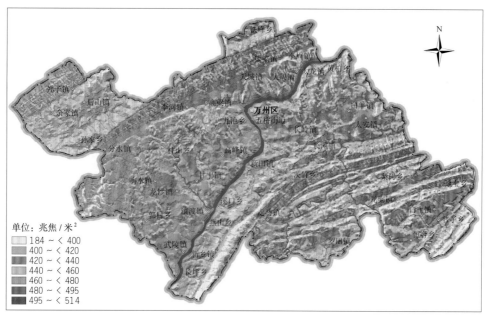

图 1-5-9 8月天文辐射量

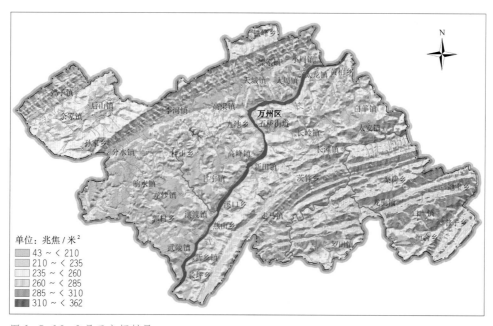

图 1-5-10 9月天文辐射量

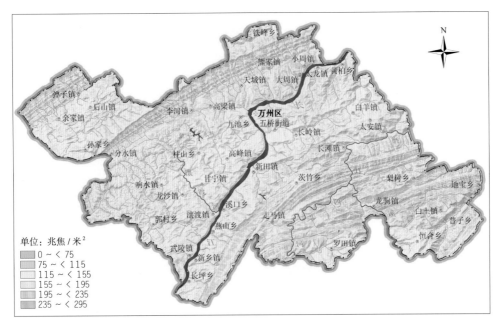

图 1-5-11　10月天文辐射量

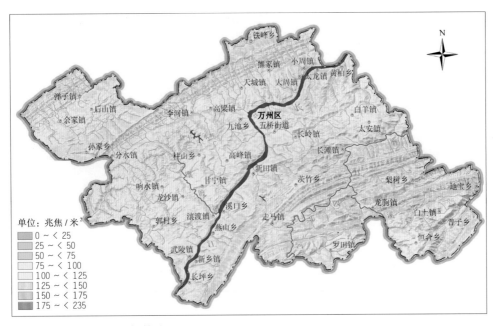

图 1-5-12　11月天文辐射量

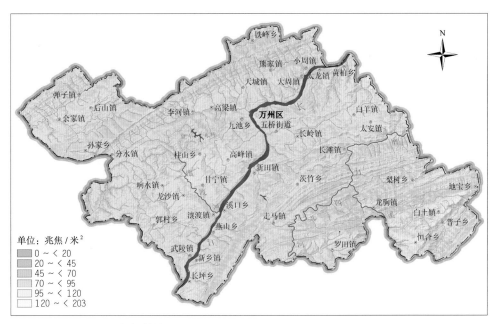

图 1-5-13　12月天文辐射量

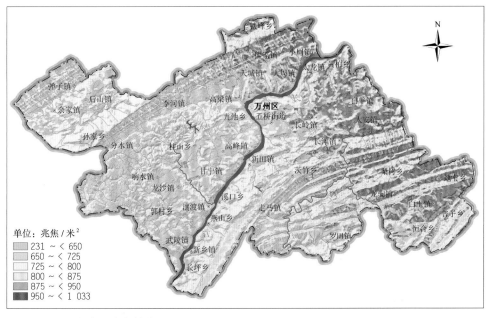

图 1-5-14　春季天文辐射量

第一章　气候资源

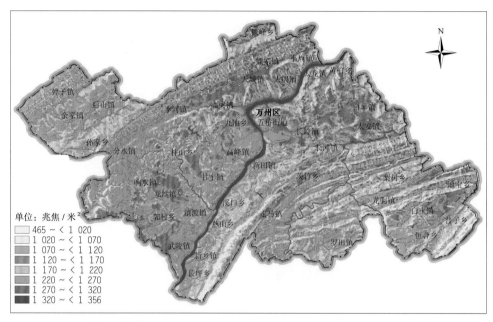

图 1-5-15 夏季天文辐射量

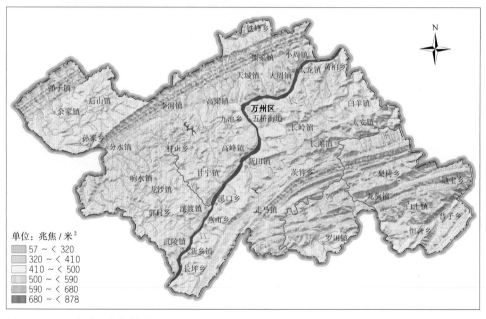

图 1-5-16 秋季天文辐射量

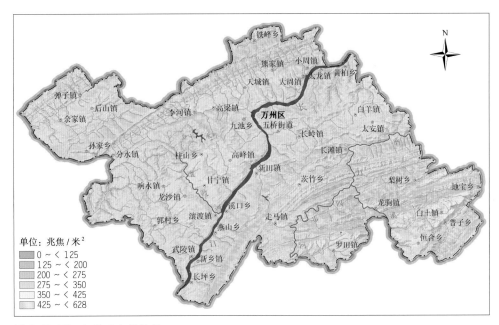

图 1-5-17　冬季天文辐射量

（二）总辐射量

太阳辐射资源是最基本的也是最主要的农业气候资源，太阳辐射的光谱成分、光照度、光照时间以及植物利用太阳能的多少，影响着植物的生长发育、产量高低，以及植物的地理分布。植物的光合作用使得所有的有机体与太阳辐射之间发生了最本质的联系，所以太阳辐射是植物生命活动的重要因子。

万州区年总辐射量为 3 100 ~ 3 600 兆焦 / 米 ^{2}。总体来说，分布较为均匀，其中平坝地区较多，峡谷地带较少。

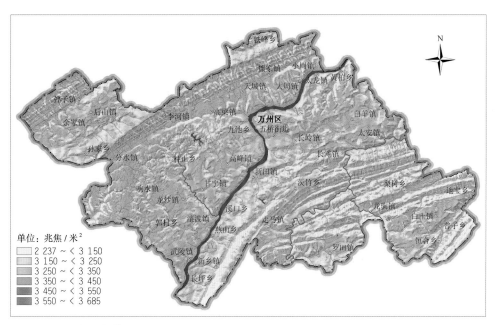

图1-5-18 年总辐射量

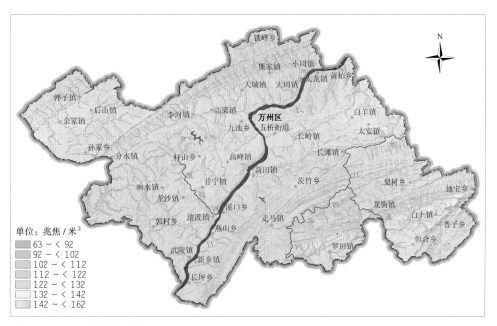

图1-5-19 1月总辐射量

第一章 气候资源

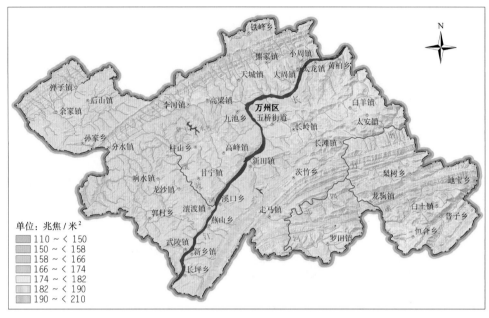

图 1-5-20　2月总辐射量

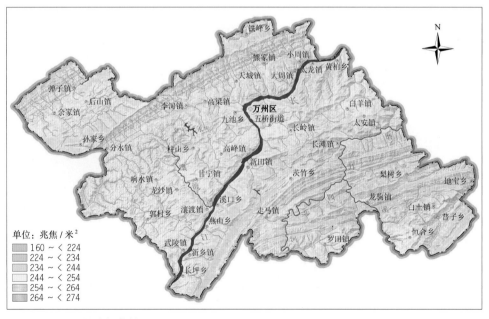

图 1-5-21　3月总辐射量

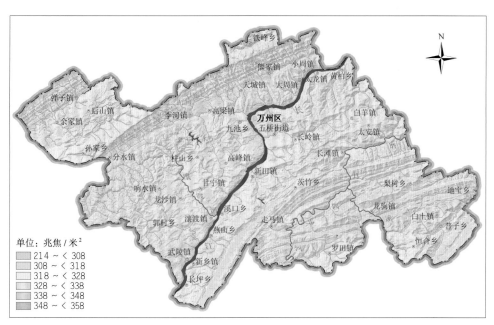

图 1-5-22　4 月总辐射量

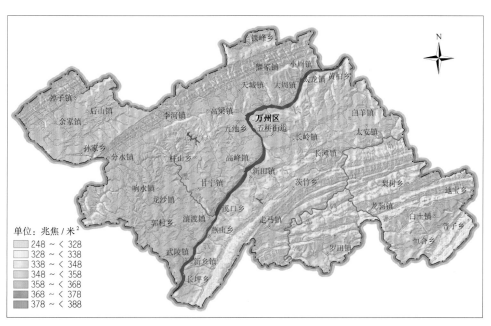

图 1-5-23　5 月总辐射量

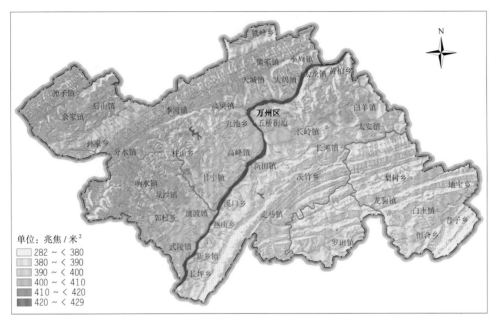

单位：兆焦/米²
- 282 ~ < 380
- 380 ~ < 390
- 390 ~ < 400
- 400 ~ < 410
- 410 ~ < 420
- 420 ~ < 429

图 1-5-24 6月总辐射量

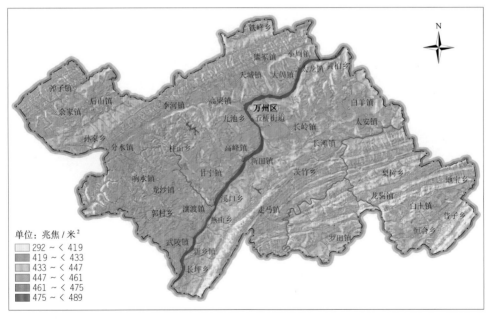

单位：兆焦/米²
- 292 ~ < 419
- 419 ~ < 433
- 433 ~ < 447
- 447 ~ < 461
- 461 ~ < 475
- 475 ~ < 489

图 1-5-25 7月总辐射量

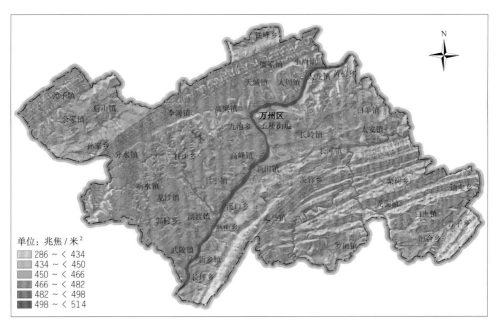

图 1-5-26 8月总辐射量

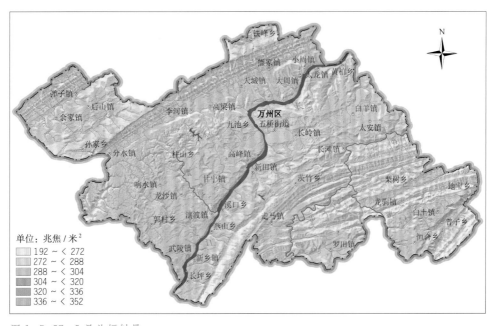

图 1-5-27 9月总辐射量

第一章 气候资源

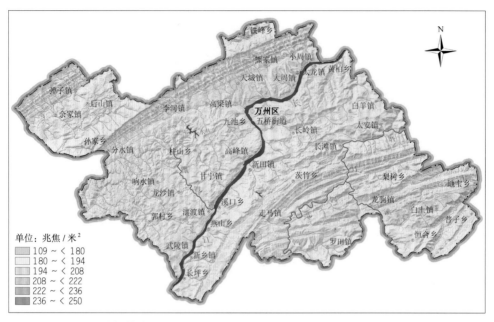

图 1-5-28 10月总辐射量

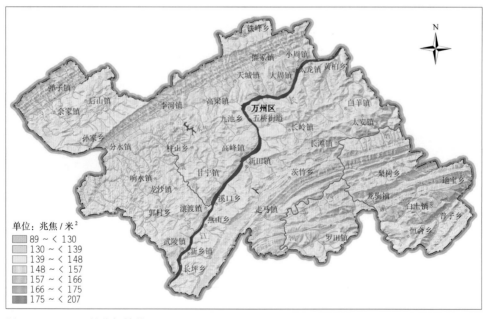

图 1-5-29 11月总辐射量

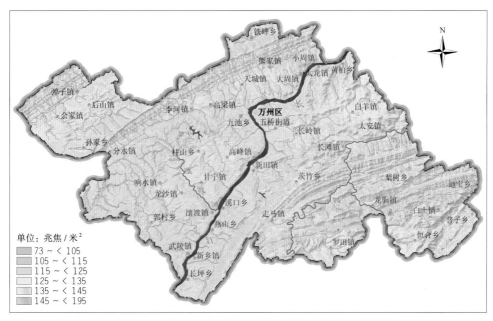

图 1-5-30　12月总辐射量

（三）直接辐射量

以平行光线的形式直接投射到地面的太阳辐射，称之为太阳直接辐射。

通常以直接辐射通量密度来表示其强弱。它的大小取决于太阳高度角、大气透明度、云量、海拔高度和地理纬度等。太阳高度角越大时，光线通过的大气量越少，辐射分布的面积越小，故太阳直接辐射越强。大气透明度越好，太阳辐射被削弱得越少，直接辐射越强。云层越厚，云量越多，则直接辐射越弱。在浓云密布时，直接辐射可减少为零。海拔高度越高大气越透明，光线穿过的大气量越少，直接辐射越强。

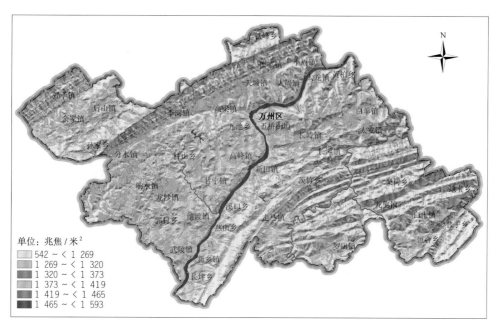

图 1-5-31　年直接辐射量

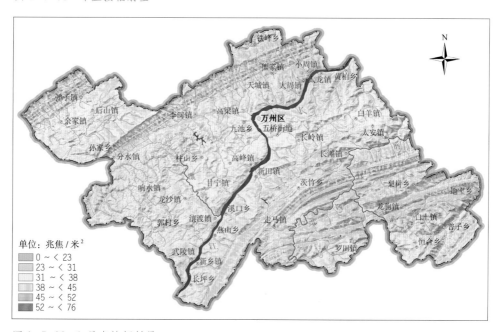

图 1-5-32　1 月直接辐射量

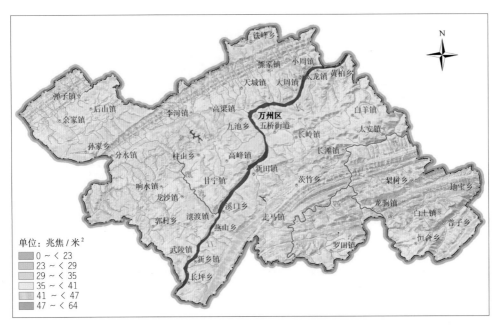

图 1-5-33　2 月直接辐射量

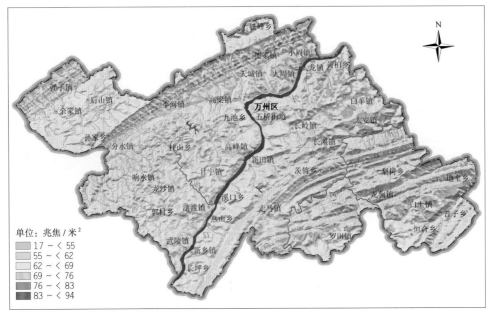

图 1-5-34　3 月直接辐射量

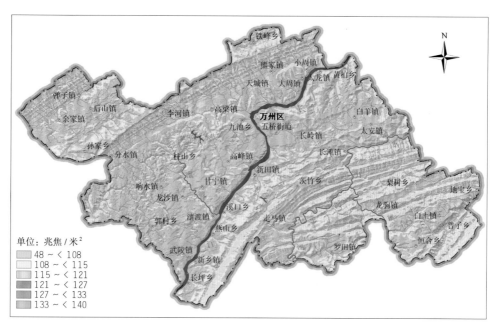

图 1-5-35 4月直接辐射量

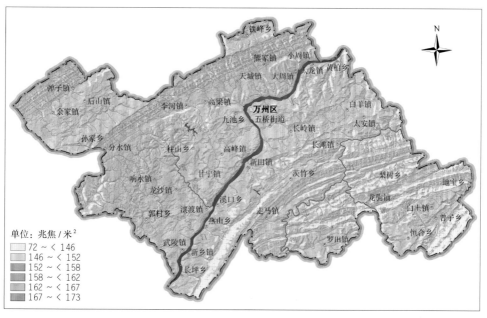

图 1-5-36 5月直接辐射量

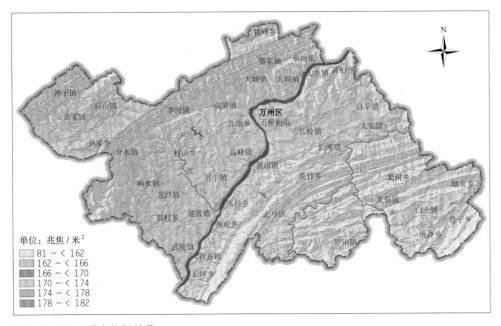

图 1-5-37　6 月直接辐射量

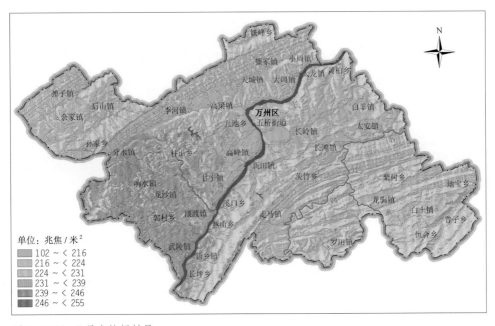

图 1-5-38　7 月直接辐射量

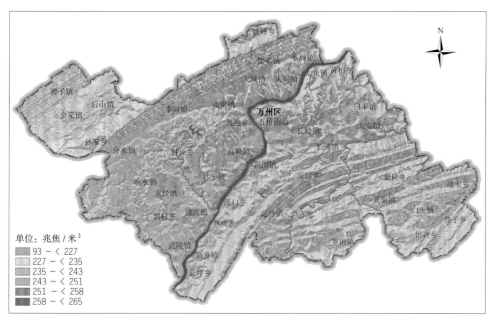

图 1-5-39 8月直接辐射量

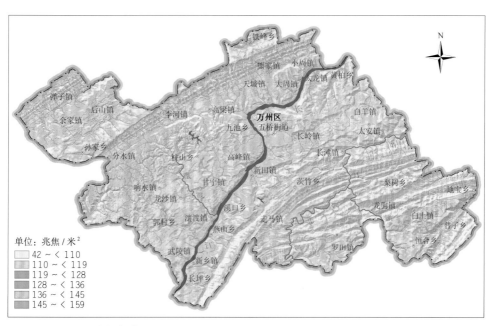

图 1-5-40 9月直接辐射量

第一章 气候资源

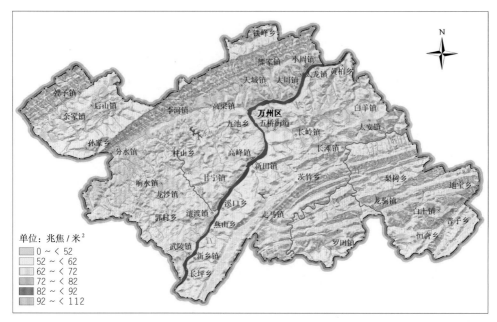

图 1-5-41　10 月直接辐射量

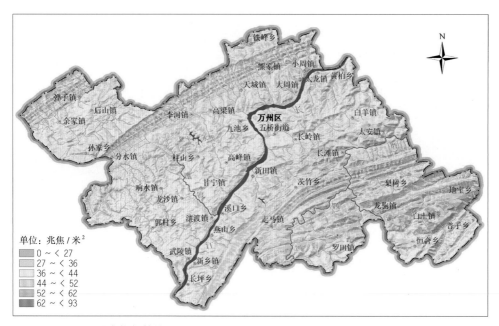

图 1-5-42　11 月直接辐射量

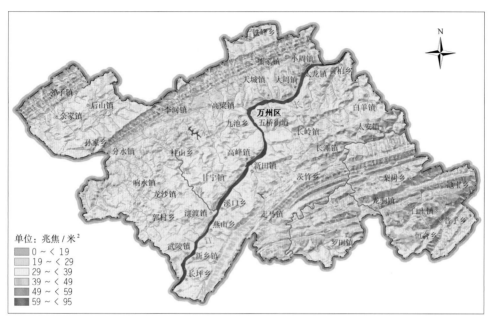

单位: 兆焦/米²

图 1-5-43 12 月直接辐射量

（四）散射辐射量

散射辐射是由于空气分子和气溶胶粒子的作用，或由于空气密度的涨落以及不均一，电磁辐射能量以一定规律在各方向重新分布的现象。

散射波能量的分布与入射波长、强度及粒子的大小、形状和折射率有关，分别称为瑞利散射（分子散射）和大粒子的米散射。空气分子对可见光的散射属于瑞利散射，偏蓝色的光更容易发生瑞利散射而被偏折到与阳光原来传播的方向不同的方向上，所以天空看上去呈现蔚蓝色；云滴和气溶胶粒子对可见光的散射属于米散射，光强与波长无关，故云呈白色。正是由于大气对太阳辐射的散射作用，天空才变得明亮蔚蓝，否则将是漆黑一片，唯有一轮太阳异常光亮耀目地悬挂在空中。

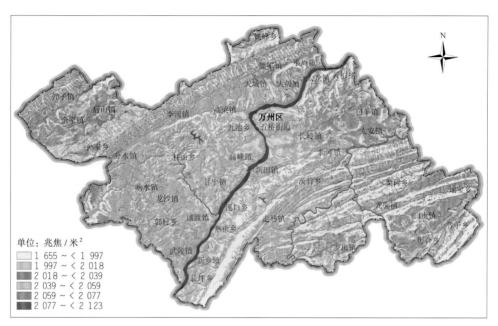

图 1-5-44 年散射辐射量

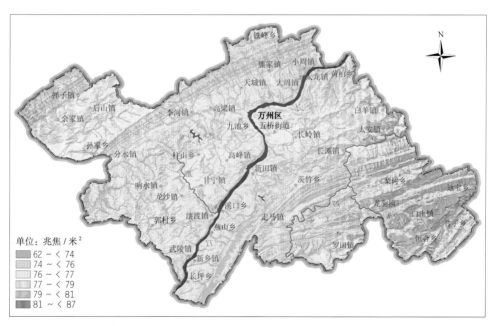

图 1-5-45 1 月散射辐射量

第一章 气候资源

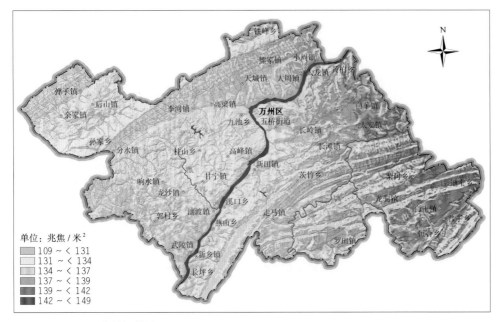

图 1-5-46 2月散射辐射量

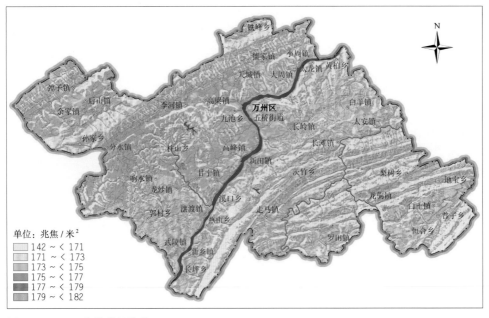

图 1-5-47 3月散射辐射量

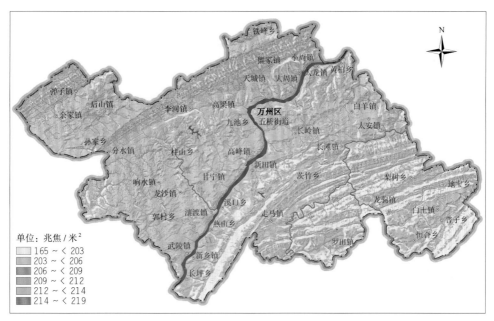

图 1-5-48 4 月散射辐射量

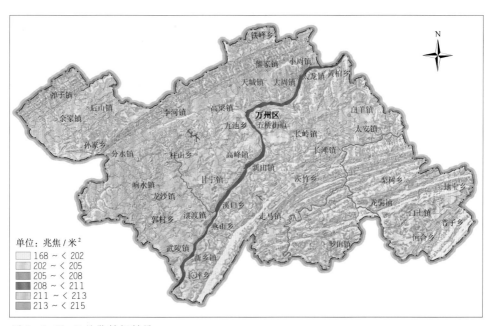

图 1-5-49 5 月散射辐射量

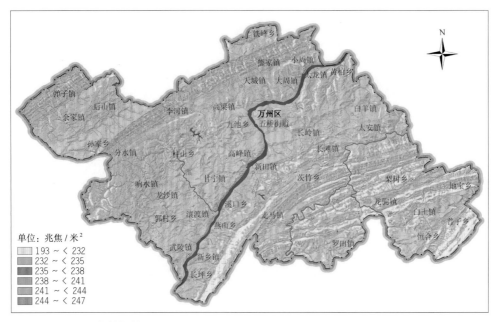

图 1-5-50 6 月散射辐射量

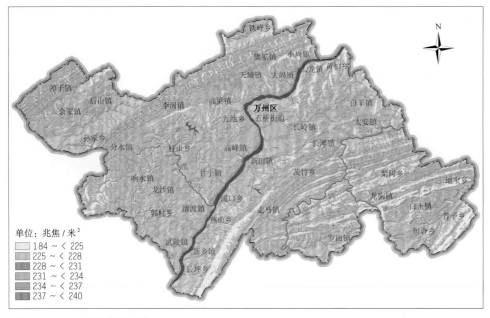

图 1-5-51 7 月散射辐射量

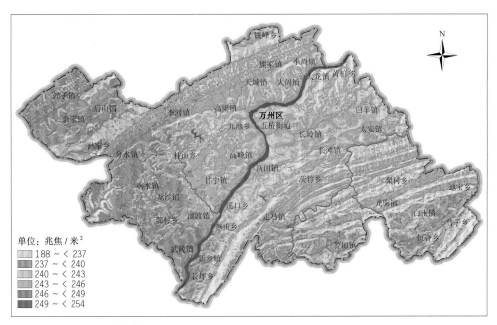

图 1-5-52　8月散射辐射量

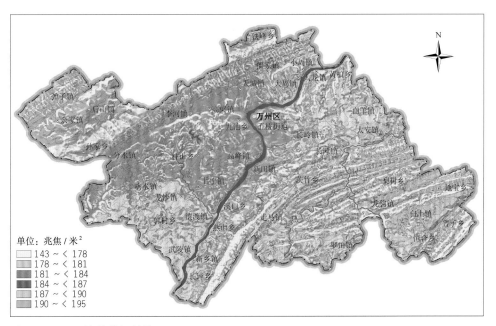

图 1-5-53　9月散射辐射量

第一章　气候资源

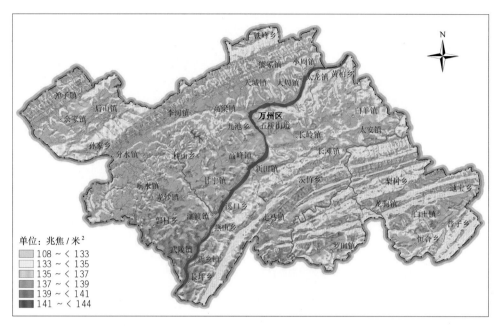

图 1-5-54 10 月散射辐射量

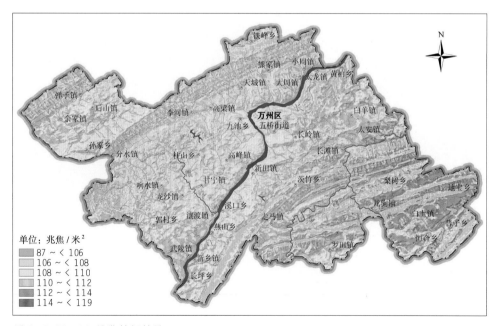

图 1-5-55 11 月散射辐射量

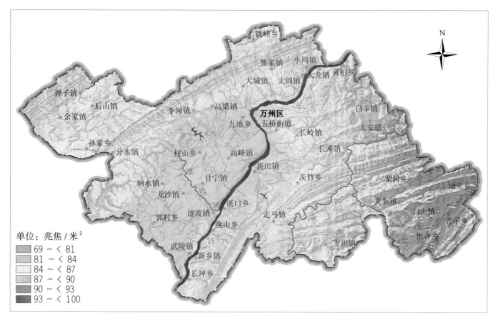

单位：兆焦/米²
69 ~ < 81
81 ~ < 84
84 ~ < 87
87 ~ < 90
90 ~ < 93
93 ~ < 100

图 1-5-56 12月散射辐射量

第一章 气候资源

六、水汽压

山区湿润状况是山区气候的另一个重要因素，主要指标有空气水汽压、相对湿度以及土壤湿润状况等。空气中含有水汽所产生的压强，就叫作水汽压。它用于度量空气中水汽含量，水汽压值大时，表示空气中水汽含量多。

万州区水汽压分布比较均匀，大部地区的年平均水汽压为14～19百帕，沿江河谷地带水汽条件较好，因而水汽压也略高；高山地区水汽条件较差，因而水汽压也略低。

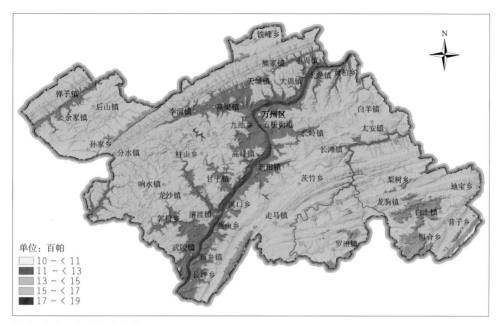

图 1-6-1 年平均水汽压

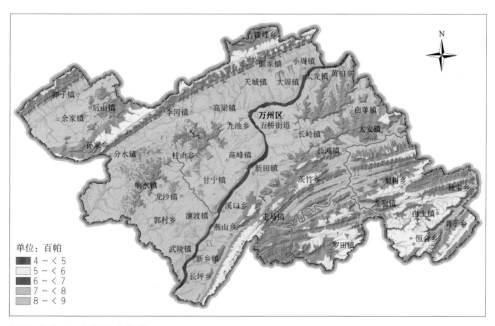

图 1-6-2 1月平均水汽压

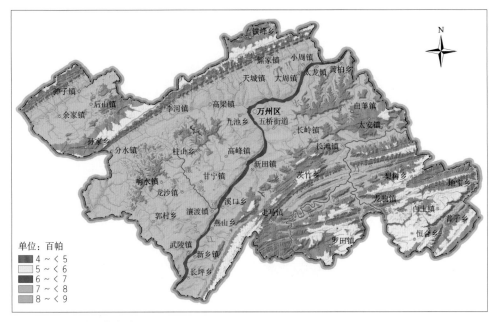

图 1-6-3　2 月平均水汽压

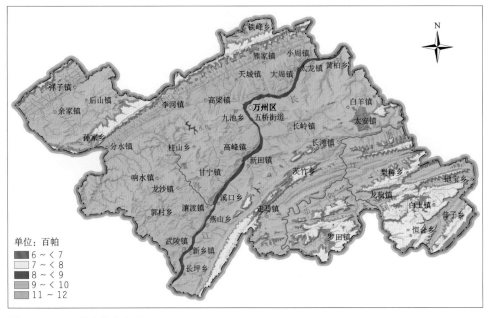

图 1-6-4　3 月平均水汽压

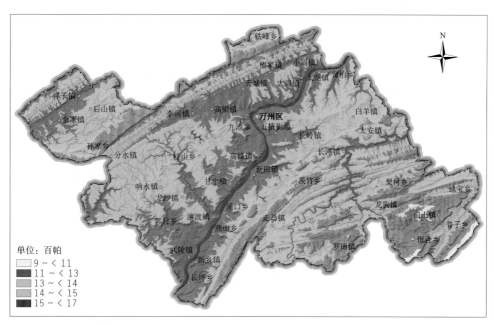

图 1-6-5　4月平均水汽压

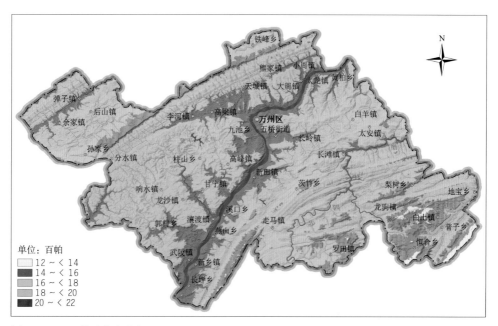

图 1-6-6　5月平均水汽压

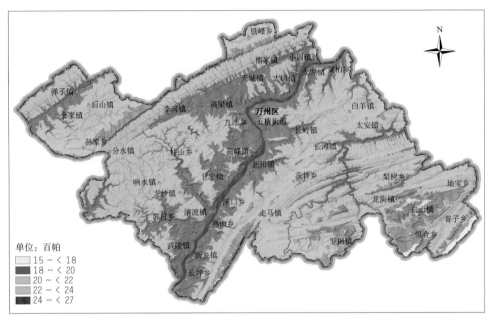

图 1-6-7　6 月平均水汽压

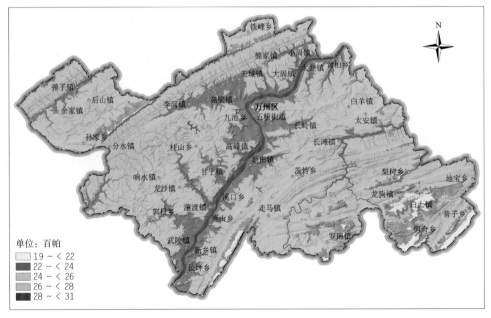

图 1-6-8　7 月平均水汽压

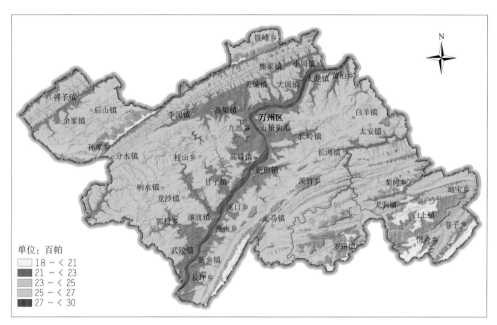

图 1-6-9　8月平均水汽压

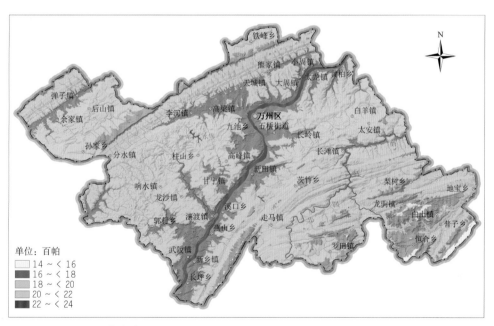

图 1-6-10　9月平均水汽压

第一章　气候资源

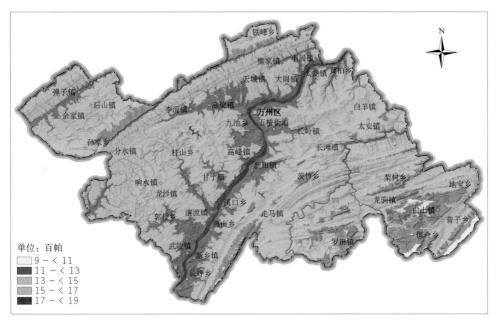

图 1-6-11　10 月平均水汽压

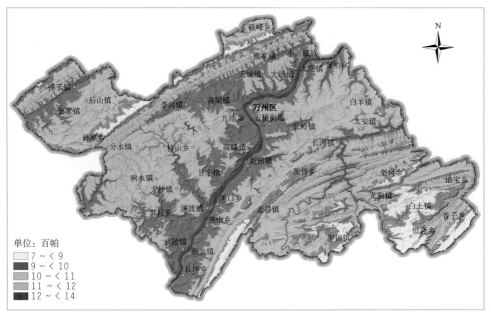

图 1-6-12　11 月平均水汽压

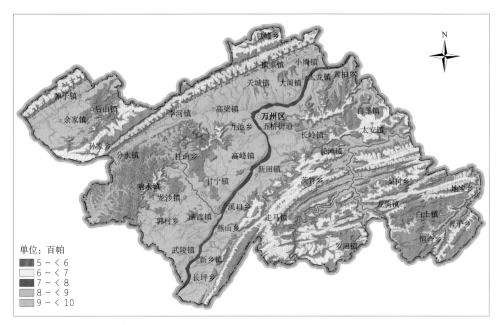

单位：百帕
- ■ 5 ~ < 6
- □ 6 ~ < 7
- ■ 7 ~ < 8
- ■ 8 ~ < 9
- ■ 9 ~ < 10

图 1-6-13　12 月平均水汽压

七、相对湿度

　　相对湿度指空气中水汽压与饱和水汽压的百分比，它也是衡量一个地区水汽含量的重要物理量。山区的相对湿度状况主要是由气温和水汽压条件决定的，同时还要受到山区云、雾现象的影响，因而山区相对湿度的分布比较复杂。其分布不仅在不同山区和不同季节差异较大，即使在同一山区不同局地因素作用下，也有差异。

　　万州区大部地区年平均相对湿度为 74% ~ 80%，高山地区因气温较低，相对湿度要略高一些。

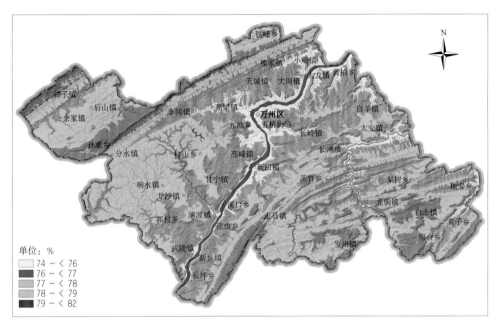

图 1-7-1　年平均相对湿度

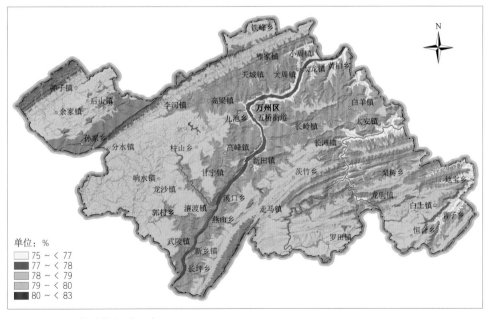

图 1-7-2　1 月平均相对湿度

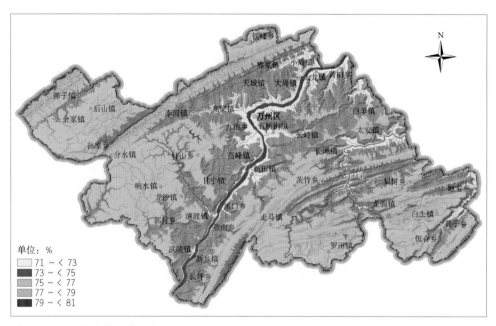

图 1-7-3　2 月平均相对湿度

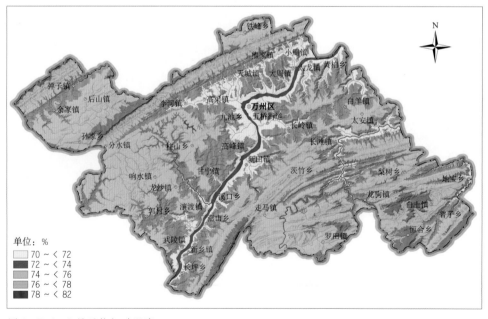

图 1-7-4　3 月平均相对湿度

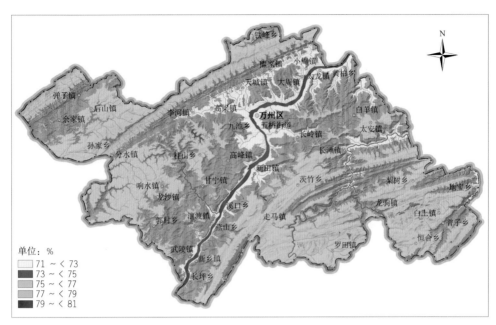

图 1-7-5 4月平均相对湿度

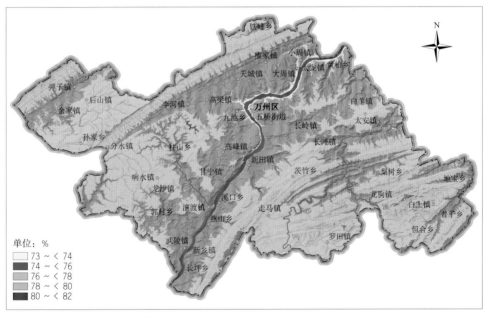

图 1-7-6 5月平均相对湿度

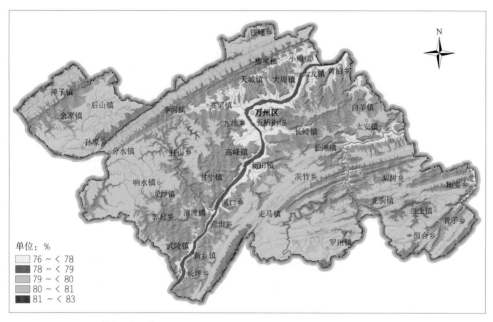

图 1-7-7　6月平均相对湿度

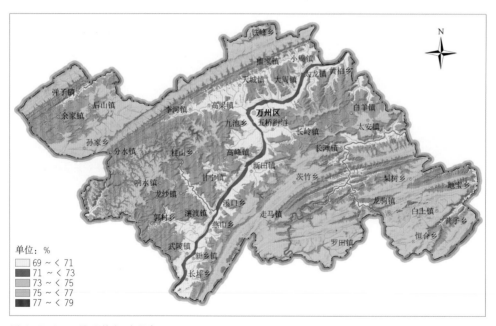

图 1-7-8　7月平均相对湿度

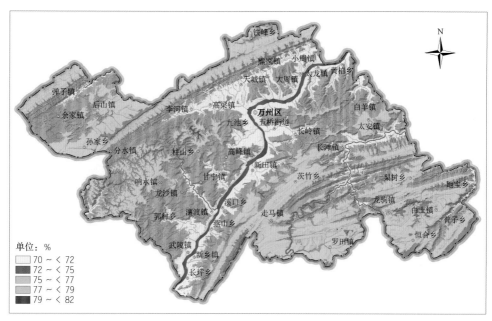

图 1-7-9　8月平均相对湿度

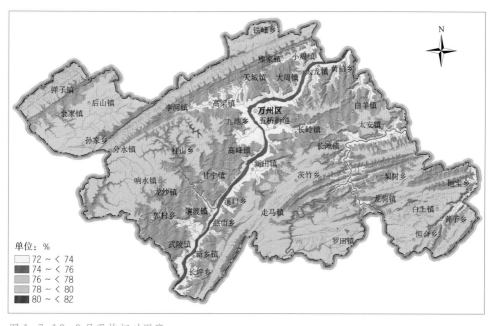

图 1-7-10　9月平均相对湿度

第一章　气候资源

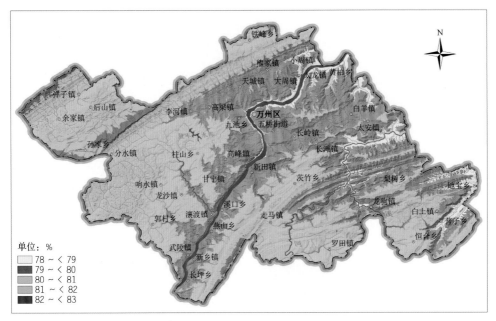

图 1-7-11　10 月平均相对湿度

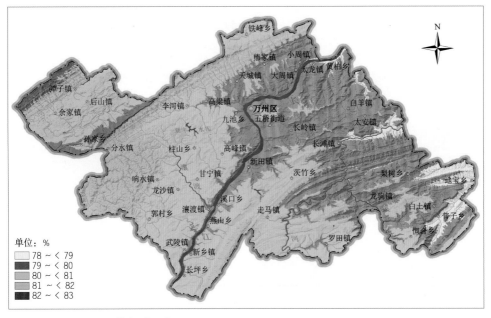

图 1-7-12　11 月平均相对湿度

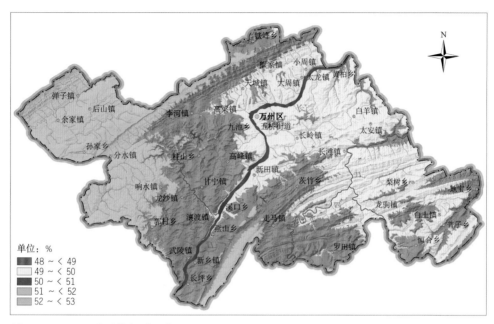

图 1-7-13　12 月平均相对湿度

八、风向玫瑰图

风向玫瑰图简称"风玫瑰"图，也叫风向频率玫瑰图，它是根据某一地区多年平均统计的各个风向和风速的百分数值，并按一定比例绘制，一般多用八个或十六个罗盘方位表示。风向玫瑰图上所表示风的吹向（即风的来向），是指从外面吹向地区中心的方向。图中线段最长者，即外面到中心的距离越大，表示风频越大，其为当地主导风向，外面到中心的距离越小，表示风频越小，其为当地最小风频。

万州区处于季风区，冬季高压系统深厚，以偏北风为主；夏季受太平洋副热带高压（属深厚的高压系统）的影响，近地面是反气旋性环流，以东北风为主。从图 1-8-1 可看出万州区多静风，常年风向以北风或者偏北风为主，南风及偏南风是万州区的风频最小的风。

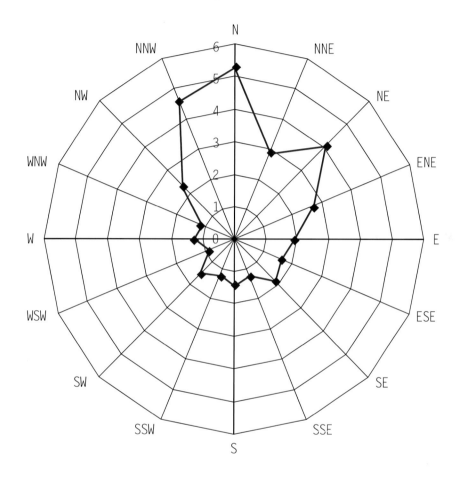

图 1-8-1 1971—2010 年万州区龙宝站风向玫瑰图

第二章 农业气候区划

一、万州区农业的规划布局

（一）区域布局

全区已初步构建起现代农业产业体系。稳定发展基础产业，即粮油产业，重点发展柑橘、蔬菜、畜禽主导产业，大力发展名优小水果、名特水产、茶叶、中药材、林木花卉、烟叶等特色产业。

基本构建起"一圈三带多园"的区域布局，形成各具特色的产业集群：

"一圈"，城区近郊圈突出保障城市供给、拓展农业功能，大力发展精品农业、休闲观光农业。

"三带"，沿江生态农业带重点发展柑橘、蔬菜及加工业和劳动密集型产业；浅丘高效农业带重点发展特色水果、生猪和优质粮油、榨菜等；山区特色农业带重点发展茶叶、烟叶、反季节蔬菜、中药材、草食牲畜等。

"多园"，即建设一批农业示范园，已建成甘宁、龙沙、孙家3个市级现代农业示范园。

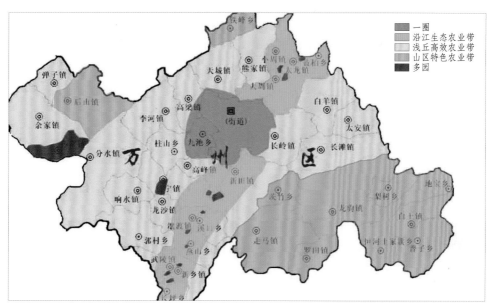

图 2-1-1　万州区现代农业发展规划总布置

（二）结构布局

全区稳定粮油生产基础，重点发展蔬菜、柑橘、畜禽，大力发展名优小水果、渔业、中药材、林木花卉、茶叶、烟叶等特色产业，因地制宜发展生态休闲观光农业。建设"一村一品"专业村，以"一村一品"带动"一乡一业"。坚持示范带动，抓好示范户、示范点建设，以点连线，串线成片，整体发展。

二、粮油作物

（一）粮油作物现状

20 万亩优质水稻生产基地：重点布局在甘宁镇、龙沙镇、分水镇、孙家镇、余家镇、白羊镇、太安镇、罗田镇、白土镇、柱山乡、恒合土家族乡等乡镇。

2 万亩饲料（草）玉米生产基地：在余家镇、白土镇、罗田镇、恒合土家族乡、普子乡、龙驹镇、走马镇等中高山地区和畜牧业重点发展区域，引进推广粮饲兼用型高产玉米品种，大幅度提高玉米产量水平，为畜牧业发展提供专用粮。积极发展青贮饲料玉米，促进畜牧业尤其是草食牲畜的发展。

1 万亩菜玉米生产基地：重点布局在高梁镇、长滩镇、白土镇、茨竹乡、陈家坝街道、五桥街道等地，满足市民需求。

10 万亩油菜基地：利用冬闲资源，结合旅游观光和养蜂业建油菜基地 10 万亩。主要布局在甘宁镇、余家镇、龙驹镇、太安镇等地。

表 2-2-1 主要粮油作物生产布局一览表

项目名称	布局地点
20 万亩优质水稻生产基地	甘宁镇、龙沙镇、分水镇、孙家镇、余家镇、白羊镇、太安镇、罗田镇、白土镇、柱山乡、恒合土家族乡等乡镇
2 万亩饲料玉米生产基地	余家镇、白土镇、罗田镇、恒合土家族乡、普子乡、龙驹镇、走马镇等地
1 万亩菜玉米生产基地	高梁镇、长滩镇、白土镇、茨竹乡、陈家坝街道、五桥街道等地
10 万亩油菜基地	甘宁镇、余家镇、龙驹镇、太安镇等地

（二）粮油作物的气候区划

1. 水稻

万州区属于"全国长江流域水稻优势区"，具有发展和种植水稻的自然条件、技术条件和生态条件，常年种植水稻面积在 52 万亩，年均产量为 24 万吨。栽培水稻主要分为粳稻和籼稻，我国长江以北主要栽培粳稻，以南主要栽培籼稻。万州区种植的水稻品种主要是籼稻，粳稻种植面积相对较少；万州水稻一般在 3 月份播种，8 月底到 9 月初收获，一年种植一季。水稻除食用外，可制淀粉、酿酒、制醋；米糠可制糖、榨油、提取糠醛，供工业及医药用；稻秆为良好饲料及造纸原料和编织材料；谷芽和稻根可供药用。

（1）水稻品质和气象条件

温度：水稻为喜温作物。粳稻生物学零度为10℃，籼稻为12℃。早稻三叶期以前，日平均气温低于12℃达到3天以上易感染绵腐病，出现烂秧、死苗。后季稻秧苗温度高于40℃易受灼伤。日平均气温在17℃以下时，分蘖停止，造成僵苗不发。花粉母细胞减数分裂期（幼小孢子阶段及减数分裂细线期），最低温度低于17℃，会造成颖花退化，不实粒增加和抽穗延迟。抽穗开花期适宜温度为25～32℃（杂交稻25～30℃），当连续3天平均气温低于20℃（粳稻）或2～3天低于22℃（籼稻），易形成空壳和瘪谷，气温在35℃以上（杂交稻32℃以上）造成结实率下降。灌浆结实期要求日平均气温在23～28℃，温度低时物质运转减慢，温度高时呼吸消耗增加。温度在15℃以下灌浆相当缓慢。粳稻比籼稻对低温更有适应性。

光照：水稻是喜阳作物，它对光照条件要求较高，水稻单叶饱和光强一般在3万～5万勒克斯，而群体的光饱和点随叶面积指数增大而变高，一般最高分蘖期为6万勒克斯左右，孕穗期可达8万勒克斯以上。当群体叶面积指数大于3时，反射辐射约为太阳辐射的20％，群体吸收太阳辐射在孕穗期最高，齐穗后逐渐下降。早稻无一定出穗临界光长，在短日或长日条件下都可正常出穗，属短日照不敏感类型。

水分：水稻全生长季需水量一般在700～1 200毫米，大田蒸腾系数在250～600。单季中晚稻在孕穗期，双季早稻在开花期，双季晚稻在拔节和孕穗期蒸腾量最高。当土壤湿度低于田间持水量57％时，水稻光合作用效率开始下降；当空气相对湿度为50％～60％时，稻叶光合作用最强。随着湿度增加，光合作用逐渐减弱。水稻需要水层灌溉，以提高根系活力和蒸腾强度，促使叶片蔗糖、淀粉的积累和物质的运转。淹灌深度以5～10厘米为宜，但为了除去土壤有毒的还原物质，提高土壤的通透性和根系活力，还应进行不同程度的露田和晒田。水稻幼苗期应采取浅水勤灌，有利扎根；分蘖期为促进分棵，以水调温，水层保持在2～3厘米，分蘖后期排水促进根系发育；拔节孕穗期是水稻需水最多时期，宜灌深水（6～10厘米）；抽穗开花期根据天气与土壤条件，可以轻脱水或保持一定水层，空气相对湿度70%～80%有利受精；灌浆期田面要有浅水，乳熟后期干干湿湿，有利提高根系活力及物质调配和运转。水稻在返青期、减数分裂期、开花与灌浆前期受旱减产最严重，返青期缺水，影响秧苗活棵和分蘖；减数分裂期缺水，颖花大量退化，出穗延迟、结实率下降；抽穗期受旱，影响出穗，减产严重。灌溉期受旱，粒重下降而影响产量。

（2）水稻区划指标及区划图

虽然影响水稻品质分布的气象因子很多，但温光条件是决定其品质的关键因素。为此，本研究选取光温因子作为区划的基本指标，将区内水稻栽培区划分为10个不同类型的气候生态区域，见表2-2-2。

表 2-2-2 水稻气候区划指标

类型	基本指标		
	年均温 （℃）	3—9月日照时数 （小时）	伏旱频率 （%）
低坝河谷优质再生稻适宜区	> 17.1	—	53~87
低山偏热籼稻次适宜区	15.9~17.1	—	38~71
光照较差籼稻次适宜区	14.1~15.9	< 850	15~54
光照一般籼稻适宜区	14.1~15.9	850 ~ 1 000	15~54
光照较丰籼稻适宜区	14.1~15.9	> 1 000	15~55
光照较差籼粳次适宜区	12.9~14.1	< 850	15~29
光照一般籼粳适宜区	12.9~14.1	850 ~ 1 000	18~37
光照较丰籼粳适宜区	12.9~14.1	> 1 000	31~46
温凉粳稻次适宜区	11.7~12.9	—	15~21
高海拔冷凉不适宜区	< 11.7	—	< 14

　　根据上述指标，采用地理信息技术与农业气候区划指标相结合的方法，利用 ArcGIS 和 1:5 万的 DEM 制作出水稻气候区划图，见图 2-2-1。

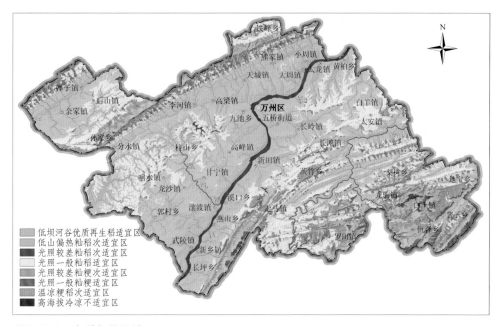

图 2-2-1　水稻气候区划

　　从图 2-2-1 中可知，万州区大部分地区可以种植水稻，主要适于籼稻种植。在长江沿线的甘宁、长坪、新田等乡镇属于低坝河谷优质再生稻适宜区；在瀼渡河、五桥河、普里河、杨河溪、苎溪河、龙宝河、鲁班溪等低海拔河流附近的乡镇也属于低坝河谷优质再生稻适宜区。万州区的粳稻种植主要集中在东南部的高海拔地区。

（3）万州区优质水稻发展建议

水稻是万州区的主要粮食作物。受本区气候条件影响，水稻易受病虫害影响，管理成本高，农民的增收不突出，商品属性较差。针对上述问题，提出如下几条建议：

1）应当着力提高水稻品质和商品性，大力发展优质稻。

2）布局上要选择在水稻的适宜区，建立商品粮生产基地，做到"一村一品"，连片种植。山区水稻生产，必须根据当地生态条件及小气候特点，在选用品种上要以当地的海拔高度、稻田类型和耕植需要来选择优质高产良种并进行合理的品种布局。

3）掌握优质水稻栽培的关键气候问题，调整水稻播种、成熟期。水稻在高温条件下灌浆成熟，或在阴雨低温条件下收获，其稻米品质都会下降。因此，在栽培技术上可以采取调整水稻播种、成熟期，使水稻在气温相对较低的条件下灌浆成熟，在晴好天气时段收获，以提高稻米品质。在万州区水稻生长期的气候特点是：前期低温寒潮、连阴雨影响育秧，后期高温伏旱影响水稻抽穗扬花。所以，要采取一系列保温育秧措施以实现适时早播，尤其是高山地区更要做到适时早播早育，才能保证安全抽穗结实。为此，水稻旱育秧的适宜播期，海拔600米以下选在3月20—25日，海拔600～800米地区选在3月25—30日，海拔800米以上地区选在3月30日—4月5日，加强田间管理，科学施肥，病虫害统防，并且注意科学管水工作。

2. 玉米

玉米适应性比较广泛，凡大于或等于10 ℃的有效积温在

1 900 ℃·d 以上，夏季平均气温在 18℃以上的地区均可种植玉米。万州区的玉米种植面积为 28 万亩，年均产量达 10.4 万吨。

西南山地丘陵玉米种植区，4—10 月平均气温均在 15℃以上，10℃以上日数在 250 天以上，高山区 150 天以上，年降水量在 1000 毫米以上。常用的种植方式有麦—玉—苕、薯—玉—苕、玉米—大豆等。

（1）气象条件

温度：玉米属喜温作物，整个生育期间都要求较高的温度。玉米正常生长的最低温度是 10℃。在 10～40℃范围内温度越高生长速度越快。种子 6～7℃可发芽但速度极慢，28～35℃最适宜。根系的适宜生长温度是 20～24℃。茎的适宜生长温度是 24～28℃。开花散粉期的适宜平均日温是 26～27℃。籽粒适宜生长的温度为 20～24℃。

光照：玉米属短日照作物，需光量较大，光饱和点约为 10 万勒以上。光质对玉米的光合作用和器官建成都有密切关系，长波光对穗发育有抑制作用。全生育期日照时数多则产量高。

水分：是影响玉米穗粒数和粒重的重要因素，籽粒形成期间土壤含水量 80%，乳熟期间保持土壤含水量 70%～80%，玉米才能正常灌浆。开花期及籽粒形成期缺水，穗粒数减少，败育粒增多；乳熟期和蜡熟期缺水，粒重降低。适宜土壤水分指标：苗期为田间持水量 60%；穗期为 70%～80%；开花及籽粒形成期为 80%；乳熟期、蜡熟期为 70%～80%。

矿物质营养：矿物质元素占玉米干重的 5% 左右。大量元素中，除了氮、磷、钾外，硫可能成为第四种主要矿质元素。微量元素中，对锌反应敏感。磷能促进根系生长和养分的运输和转化，苗期玉米对缺磷反应敏感，尤其在五叶期以前。玉米对氮、磷、钾的需求：每 100 千克籽粒需吸收氮 2.82 千克、磷 1.32 千克、钾 2.23 千克。玉米对氮磷钾的阶段吸收：苗期氮、磷、钾占 5% ~ 10%；穗期氮、磷占 50% ~ 60%，钾占 70% ~ 80%；粒期氮、磷占 30% ~ 40%，钾占 10% ~ 20%。

土壤：玉米对土壤的适应性很强，对土质的要求不严。但玉米对土壤空气状况非常敏感，要求土壤空气容量大，通气性好，含氧比例高，透水保水性好。玉米对土壤 pH 的适应范围为 5 ~ 8，但最适宜玉米生长的 pH 为 6.5 ~ 7。

（2）区划指标及区划图

根据玉米与气象条件的关系，把与玉米生长联系较为密切的温度和伏旱作为玉米农业气候区划的指标。具体见表 2-2-3。

表 2-2-3　玉米气候区划指标

类型	基本指标	
	年均温 T（℃）	伏旱频率 f（％）
冷凉伏旱偶发一熟制玉米栽培区	$9.1 \leqslant T < 12.0$	$f < 30$
温凉伏旱偶发两熟制玉米栽培区	$12.0 \leqslant T < 14.4$	$f < 30$
温热少伏旱两熟制玉米栽培区	$14.4 \leqslant T < 17.3$	$30 \leqslant f < 50$
温热多伏旱两熟制玉米栽培区	$14.4 \leqslant T < 17.3$	$50 \leqslant f < 70$
高温多伏旱三熟制玉米栽培区	$T \geqslant 17.3$	$50 \leqslant f < 70$
高温伏旱高发三熟制玉米栽培区	$T \geqslant 17.3$	$f \geqslant 70$
寒冷玉米不适宜栽培区	$T < 9.1$	—

根据上述指标，制作出玉米气候区划图，见图 2-2-2。

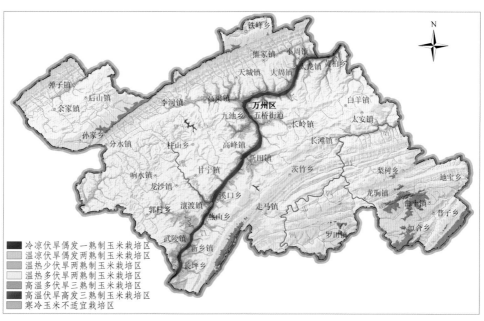

图 2-2-2　玉米气候区划

万州区境内大部分地区属于两熟和三熟玉米栽培区。在海拔较高的白土、恒合、罗田等乡镇的部分地区属于冷凉伏旱偶发一熟制玉米栽培区。

3.油菜

油菜是万州区最主要的油料作物，油菜籽含油高，菜饼是一种比较全面的有机肥料，油菜花富含蜜汁，是重要的蜜源植物。冬油菜秋季播种、次年初夏成熟。一般品种生育期 190 ～ 230 天。万州区油菜主要种植在甘宁、余家、太安等乡镇，种植面积 11.4 万亩，年产约 1.42 万吨。

（1）气象条件

温度：油菜为喜冷凉作物。种子发芽的最低温度为 4 ～ 6℃；苗期适温为 10 ～ 20℃；现蕾抽薹期气温以 10℃ 以上并平稳上升为宜；开花期的适宜温度为 14 ～ 18℃，12 ～ 25℃ 之间能正常开花；角果发育期气温为 12 ～ 15℃，且昼夜温差大，有利开花和角果发育，增加干物质和油分的积累。

水分：油菜营养体大，喜湿润，需水多。秋播油菜，从栽培到收获，田间耗水量一般为 300 ～ 500 毫米，蒸腾系数在 337 ～ 912。种子发芽时，需要吸收籽重 60% 以上的水分，此时以土壤湿度 20% ～ 25%、田间最大持水量 70% ～ 80% 为好。幼苗期（指五叶期以内）降雨过多和雨日过长，严重影响幼苗发育。薹花期是油菜需水临界期，此期空气相对湿度 70% ～ 80%、土壤水分占田间持水量 70% 为宜，空气相对湿度低于 60% 或高于 94% 都不利于油菜开花。角果发育期以田间持水量 60% ～ 80% 为宜，过高过低都会形成大量秕粒，油分含量降低。开花结荚期，降雨过多，病害显著增加，严重影响产量。

光照：油菜是长日照植物。油菜花果期是光合作用旺盛时期，天气晴朗，有利角果、果皮进行光合作用。花荚期的日照时数与产量呈正相关，此期多阴雨则每角粒数减少，千粒重降低。

另外，硼对油菜是极为敏感的微量营养元素，缺硼是导致油菜籽产量降低的主要障碍因子。

（2）区划指标及区划图

根据油菜与气象条件的关系，选取了与油菜生长联系较为密切的温度和日照作为油菜农业气候区划的指标。具体见表2-2-4。

表2-2-4 油菜气候区划指标

类型	一级指标		二级指标	
	年均温 T（℃）	3—4月日照时数 S（小时）	4—5月日照时数 S（小时）	5—6月日照时数 S（小时）
一年二到三熟光照较丰油菜栽培区	$T \geqslant 16.0$	$S \geqslant 200.0$	—	—
一年二到三熟光照一般油菜栽培区	$T \geqslant 16.0$	$S < 200.0$	—	—
一年二熟光照较丰油菜栽培区	$12.5 \leqslant T < 16.0$	—	$S \geqslant 240.0$	—
一年二熟光照一般油菜栽培区	$12.5 \leqslant T < 16.0$	—	$S < 240.0$	—
一年一到二熟光照较丰油菜栽培区	$10.0 \leqslant T < 12.5$	—	—	$S \geqslant 250.0$
一年一到二熟光照一般油菜栽培区	$10.0 \leqslant T < 12.5$	—	—	$S < 250.0$
气候冷凉阴湿零星栽培区	$T < 10.0$	—	—	—

根据上述指标，制作出油菜气候区划图，见图2-2-3。

根据区划图，万州区各地均适宜种植油菜。长江沿线的低海拔乡镇如小周、大周、九池、高峰、新田等，属于一年二到三熟光照一般油菜栽培区；海拔较高如白土、恒合等乡镇属于一年一到二熟光照较丰油菜栽培区；其余地区属于一年两熟光照较丰油菜栽培区。

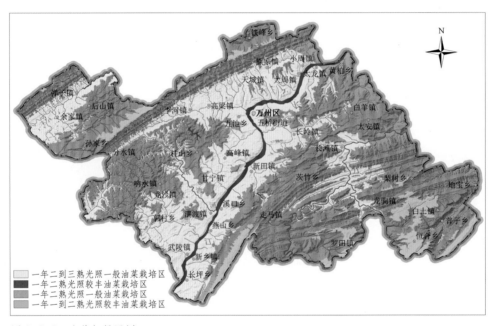

图2-2-3 油菜气候区划

三、柑橘

万州产柑橘,已有 4 000 多年的历史,三峡库区属亚热带湿润气候,雨量充沛,日照充足,无霜期长,没有长江中下游产区的周期性冻害,是我国柑橘种植的生态最适合区。目前万州主要有晚熟柑橘和古红橘两大基地。

晚熟柑橘基地:新建晚熟柑橘基地 10 万亩,总面积达到 20 万亩,产量达到 30 万吨,将建成全国知名的晚熟柑橘基地。布局在长江两岸、万忠路沿线、普里河片区海拔 400 米以下的新田镇、溪口乡、燕山乡、新乡镇、长坪乡、瀼渡镇、甘宁镇、龙沙镇、余家镇、弹子镇 10 个乡镇。

古红橘基地:改造古红橘基地 10 万亩,保持世界最大的古红橘基地。布局在长江二桥以下的长江两岸红橘集中产区。包括黄柏乡、太龙镇、陈家坝街道、小周镇、大周镇、钟鼓楼街道、熊家镇 7 个乡镇街道。

（一）气象条件

柑橘是亚热带常绿果树，性喜温暖而畏低温、干旱。从最干旱的沙漠地带（有灌溉）到湿润的亚热带（无灌溉）都有栽培。

1.温度

影响柑橘的气象因素中，气温对柑橘的生长发育影响最大。

1）柑橘的种子发芽温度为 20 ~ 35 ℃，以 31 ~ 34 ℃ 为最适宜。温度越高，发芽越快。枝梢生长，以 23 ~ 34 ℃ 为最适宜，32 ℃ 以上生长缓慢，12 ℃ 以下或 37 ℃ 以上停止生长。开花前要有 2 ~ 4 个月较低的温度，可以促进花芽分化，提高产量，15 ~ 20 ℃ 是柑橘花粉形成的适宜温度。

2）温度影响果实品质。在温暖的气候条件下，果形大，果皮粗厚，着色差，多汁，含酸量低，维生素C含量亦低。在比较凉爽的气候条件下，果形较小，果皮薄而光滑，着色鲜艳，少汁，可溶性固形物和含酸量均高，维生素C含量亦高。气候湿润果皮薄，干旱果皮粗糙。中国温暖地区果实含酸量降低快，所以广东的柑橘不酸，而四川、重庆、湖北生产的同样品种含酸量高。

2.光照

在柑橘幼叶、花蕾形成、新梢成熟等生长较弱的阶段，当温度在12 ℃ 左右时，光照强度可降至晴天的 50% ~ 60%；但在新梢和果实旺盛生长时期，日平均气温在 15 ~ 16 ℃ 时，光照强度不能低于晴天的 70%。果实成熟后期，充足的光照有利于果实着色，提高果实的糖分。

光照不足的郁闭柑橘果园，会导致柑橘叶片变平、变薄、变大，发芽率、发枝率降低，甚至枝、叶枯死。花期和幼果期光照不足会导致树体内有机质合成减少，出现幼叶转绿迟缓，与幼果争夺营养而加剧生理落果。冬季晴天光照强度低于 4%，且气温波动较大时，会影响光合作用和树体有机质的积累，导致落果减产。光照不足会使坐果率降低，果实变小，着色变差，酸高糖低。夏季光照过强，加之温度过高，会发生果实的日灼。

3.水分

（1）灌溉

柑橘树在春梢萌动及开花期（3—5 月）和果实膨大期（7—10 月）对土壤水分敏感。当砂土土壤含水量 <5%，壤土土壤含水量 <15%，黏土土壤含水量 <20% 时需及时灌水。一般情况下，阴天叶片出现轻微萎蔫症状，或在高温干旱天气，卷曲的叶片在傍晚不能及时恢复正常，应及时灌水。高温期的灌水时间宜在清晨或傍晚进行。果实成熟前一个月，需保持土壤适度干旱，出现轻微卷叶可不灌水，有利于改善果实品质和促进花芽分化。

一般灌溉水浸透根系分布层土壤为度，保持根区土壤水分含量维持在土壤田间持水量的 60% ~ 80%。幼树灌溉宜次多量少。晚秋和初冬土壤过于干旱可适度灌溉，但应控制灌水量，以利果实糖分积累、上色和树体成花。

（2）排水

平时保持果园地下水位在 1 米以下。雨季来临前检查和疏通所有排水沟渠，多雨季节加强果园的排水检查，土壤积水时间超过 24 小时的要立即采取挖沟、排涝等措施排水。

采收前多雨的地区覆盖地膜，降低土壤含水量，提高果实品质。

（二）区划指标和区划图

根据柑橘与气象条件的关系，选取了与柑橘生长联系较为密切的气温和日照作为柑橘气候区划的指标。具体见表 2-3-1。

表 2-3-1 柑橘气候区划指标

类型	基本指标	
	年均温 T（℃）	年日照时数 S（小时）
光热丰富最适宜区	$T \geqslant 16.5$	$S \geqslant 1\,250$
热量丰富光照一般适宜区	$T \geqslant 16.5$	$S < 1\,250$
热量较丰光照丰富适宜区	$15.5 \leqslant T < 16.5$	$S \geqslant 1\,250$
光热较丰适宜区	$15.5 \leqslant T < 16.5$	$S < 1\,250$
热量一般次适宜区	$14.0 \leqslant T < 15.5$	—
热量较差不适宜区	$T < 14.0$	—

根据上述指标，制作出柑橘气候区划图，见图 2-3-1。

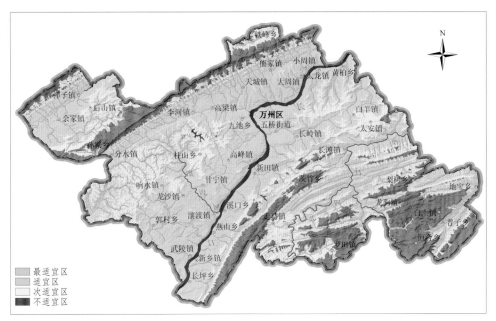

图 2-3-1　柑橘气候区划

从图 2-3-1 可看出，柑橘的适宜种植区主要分布在气温相对较高的低海拔地区，如长江流域沿线的长坪、武陵、新乡、瀼渡、甘宁等地；余家、李河、高粱、天城等乡镇都有利于柑橘的种植。

四、主要小水果

2万亩猕猴桃基地：重点布局在响水镇、孙家镇、罗田镇、小周镇、走马镇、铁峰乡、黄柏乡等乡镇海拔 600 米以上区域。

2万亩龙眼基地：重点布局在武陵镇、燕山乡、溪口乡海拔 350 米以下区域。

（一）猕猴桃

猕猴桃，也称狐狸桃、藤梨、羊桃、木子、毛木果、麻藤果等，果形一般为椭圆状，外观呈绿褐色。猕猴桃除含有猕猴桃碱、蛋白水解酶、单宁果胶和糖类等有机物，以及钙、钾、硒、锌、锗等微量元素和人体所需 17 种氨基酸外，还含有丰富的维生素 C、葡萄酸、果糖、柠檬酸、苹果酸、脂肪。

1. 气象条件

温度：温度是限制猕猴桃分布和生长发育的主要因素，每个品种都有适宜的温度范围。大多数猕猴桃品种要求温暖湿润的气候，即亚热带或温带湿润半湿润气候，主要分布在北纬 18°—34° 的地区，年平均气温在 11.3 ~ 16.9 ℃，极端最高气温为 42 ℃，极端最低气温为 −20 ℃，大于或等于 10 ℃ 有效积温为 4 500 ~ 5 200 ℃·d，无霜期 160 ~ 270 天。研究表明，当气温上升到 10 ℃ 左右时，幼芽开始萌动，15 ℃ 以上时才能开花，20 ℃ 以上时才能结果，当气温下降至 12 ℃ 左右时则进入落叶休眠期，整个发育过程需 210 ~ 240 天，这期间日温不能低于 10 ~ 12 ℃。

光照：多数猕猴桃品种喜半阴环境，对强光照射比较敏感，属中等喜光性果树树种，喜漫射光，忌强光直射。

水分：猕猴桃是生理耐旱性弱的树种，喜水怕涝，它对土壤水分和空气湿度的要求比较严格。一般来说，凡年降水量在 1 000 ~ 1 200 毫米、平均相对湿度在 75% 以上的地区，均能满足猕猴桃生长发育对水分的要求。但开花授粉期和坐果期的 4，5 月份，如遇连阴雨，不利于花粉受精，会造成落花落果。猕猴桃的抗旱能力比一般果树差，水分不足，会引起枝梢生长受阻，叶片变小，叶缘枯萎，有时还会引起落叶、落果等。猕猴桃因属肉质根更怕涝渍，水淹 24 小时猕猴桃树就会死亡。

2. 区划指标和区划图

根据猕猴桃与气象条件的关系，选取了与猕猴桃生长联系较为密切的气温作为猕猴桃气候区划的指标。具体见表 2-4-1。

表 2-4-1 猕猴桃气候区划指标

类型	基本指标
	年均气温（℃）
热量适中最适宜区	12 ~ 15
气候温凉适宜区	10 ~ 12
气候温暖适宜区	15 ~ 17
气候寒冷不适宜区	< 10
气候偏热不适宜区	> 17

根据上述指标，制作出猕猴桃气候区划图，见图 2-4-1。

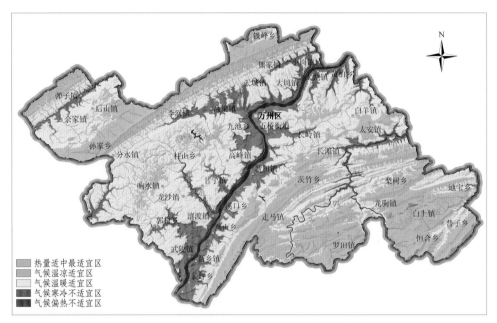

图 2-4-1　猕猴桃气候区划

从图 2-4-1 可知，万州区长江流域等海拔较低的乡镇由于气候偏热，不适宜猕猴桃种植，其余大部分地区均属于适宜区。孙家、走马、茨竹、罗田、白土、恒合等乡镇热量适中，最适宜发展猕猴桃种植业。

（二）龙眼

龙眼，又称桂圆，常绿大乔木，树体高大。7—8月果实成熟呈黄褐色时采摘。为无患子科植物的假种皮，原产于中国南部及西南部，武陵是本区龙眼的主要种植乡镇。

1. 气象条件

龙眼性喜温暖多湿。在年平均气温18℃以上、年降水量1 200毫米以上、年日照时数1 500小时以上、年太阳辐射3 768兆焦/米^{2}以上的地区栽培品质较好。

风对龙眼果园的小气候环境有所影响，一是使树丛内的温度与外界的温度保持平衡，二是增加蒸发，降低叶子温度。如风向与果园树行相垂直，会在果园上空气流和果园龙眼树中产生一个很强的乱流层，使果园中的二氧化碳得以补充。使果树产生闪光，利于光合作用的进行。

2. 区划指标和区划图

根据龙眼与气象条件的关系，选取了与龙眼生长联系最为密切的气温作为龙眼气候区划的指标。具体见表2-4-2。

表 2-4-2 龙眼气候区划指标

类型	基本指标	
	年均温 T（℃）	年极端最低气温 T_{min}（℃）
轻微冻害适宜区	$T \geqslant 18.3$	$T_{min} \geqslant -2.5$
一般冻害适宜区	$T \geqslant 18.3$	$-2.5 > T_{min} \geqslant -4.0$
不适宜栽培区	$T < 18.3$	$T_{min} < -4.0$

根据上述指标，制作出龙眼气候区划图，见图 2-4-2。

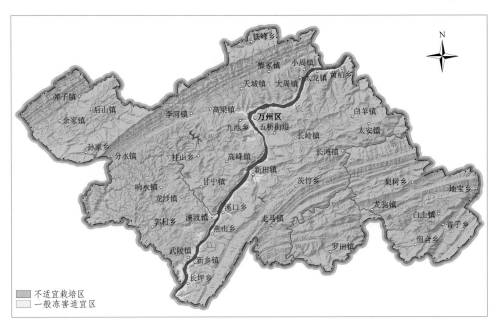

图 2-4-2 龙眼气候区划

由图 2-4-2 可知，除武陵、新乡、长坪等乡镇的沿江地区属于轻微冻害适宜区，可以发展龙眼种植，其余的地区均不适宜龙眼种植。

五、茶叶

重庆是一个古老的茶区，已有三千年的种植历史。最早的种植历史在《华阳国志·巴志》中有记载，是在商末周初，公元前1016年，那时的重庆属巴国。目前较为公认的说法是，世界茶叶发源地在云贵川交界地带，重庆也属于发源地之一。重庆人爱喝茶，民间流行的谚语道："开门七件事，柴米油盐酱醋茶。"重庆茶馆遍布大街小巷。重庆老茶馆卖的茶主要是花茶、沱茶两大类，绿茶、红茶是抗战时因适应下江人口味而逐渐风行的。

长江生态屏障茶区：以新乡镇为中心，辐射长坪乡、燕山乡、溪口乡、新田镇、茨竹乡、长岭镇等长江沿岸乡镇，规划新发展茶叶面积1.3万亩，区域内建设5个茶叶专业村。

铁峰山生态茶区：以分水镇为中心，辐射孙家镇、李河镇、高梁镇、铁峰乡等乡镇，规划新发展茶叶面积0.7万亩，区域内建设2个茶叶专业村。

七耀山富硒茶区：以太安镇为中心，辐射恒合土家族乡、白土镇、梨树乡、长滩镇、龙驹镇等乡镇，规划新发展茶叶面积1万亩，区域内建设3个茶叶专业村。

表 2-5-1　茶叶生产布局

项目名称	布局地点
1.3 万亩长江生态屏障茶区	新乡镇、长坪乡、燕山乡、溪口乡、新田镇、茨竹乡、长岭镇等乡镇
0.7 万亩铁峰山生态茶区	分水镇、孙家镇、李河镇、高梁镇、铁峰乡等乡镇
1 万亩七耀山富硒茶区	太安镇、恒合土家族乡、白土镇、梨树乡、长滩镇、龙驹镇等乡镇

（一）气象条件

光照：光照是茶树生存的首要条件，不能太强也不能太弱。茶树对紫外线有特殊嗜好，因而高山出好茶。

可见光部分是茶树生育影响最大的因素。不同光质条件下，对茶树品种成分的影响表现为，蓝紫光促进氨基酸、蛋白质的合成，氨基酸总量、叶绿素和水浸出物含量较高，而多酚含量相对减少；红光下茶叶的光合速率高于蓝紫光，促进碳水化合物的形成，利于茶多酚形成。在一定海拔高度的山区，雨量充沛，云雾多，长波光受云雾阻挡在云层被反射，以蓝紫光为主的短波光穿透力强，这也是高山茶氨基酸、叶绿素和含氮芳香物质多，茶多酚含量相对较低、味涩的主要原因。

空旷地全光照条件下生育的茶树，因光照强，叶形小，叶片厚，节间短，叶质硬脆，而生长在林冠下的茶树叶形大，叶片薄，节间长，叶质柔软。

温度：多数茶树品种日平均气温需要稳定在 10 ℃ 或以上，茶芽开始萌动。当气温继续升高到 14 ～ 16 ℃ 时，茶芽逐渐展开嫩叶，茶树生长最适温度是 20 ~ 30℃。茶树生长适宜的有效积温（日平均气温 10℃ 或以上）在 4 000 ℃·d 以上。温度过低会使茶树遭受冻害而损伤，但温度过高也会引起茶树的热害。如当日平均气温到 35℃ 以上时，生长便会受到抑制，日极端最高气温到 39℃，在降水量又较少的情况下，有的茶树丛面成叶出现灼伤焦变和嫩梢萎蔫，这种现象为茶树热害。

水分：是茶树进行光合作用必不可少的原料之一，当叶片失水 10% 时，光合作用就会受到抑制。茶树虽喜潮湿，但也不能长期积水。茶树最适宜的年降水量在 1 500 毫米左右。茶树要求土壤相对持水量在 60% ~ 90%，以 70% ~ 80% 为宜。空气湿度以 80% ~ 90% 为宜。土壤水分适当，空气湿度较高，不仅新梢叶片大，而且持嫩性强，叶质柔软，角质层薄，茶叶品质优良。

地形：地形条件主要有海拔、坡地、坡向等。随着海拔的升高，气温和湿度都有明显的变化，在一定高度的山区，雨量充沛，云雾多空气湿度大，漫射光强，这对茶树生育有利，但也不是愈高愈好，在 1 000 米以上，会有冻害。一般选择偏南坡为好。坡度不宜太大，一般要求在 30° 以下。

（二）区划指标及区划图

根据茶树与气象条件的关系，选取了与茶树生长联系最为密切的年日平均气温大于或等于 10℃ 的积温，作为茶叶气候区划的指标。具体见表 2-5-2。

表 2-5-2 茶叶气候区划指标

类型	基本指标
	年大于或等于 10 ℃积温（℃）
中、小叶茶适宜区	4 800 ～ 5 800
中、小叶茶次适宜区	4 300 ～ 4 800
气候寒冷不适宜区	< 4 300

根据上述指标，制作出茶叶气候区划图，见图 2-5-1。

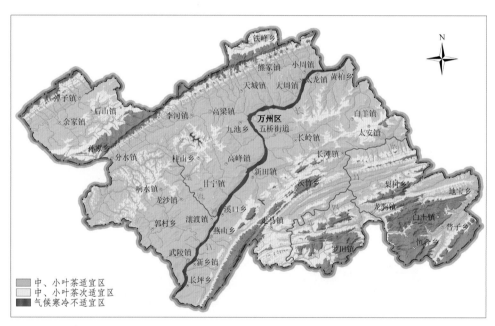

图 2-5-1　茶叶气候区划

　　从图 2-5-1 可看出，万州大部分海拔较低、积温相对较高的地区均为中小叶茶适宜区，其中长江沿线的长坪、新乡、瀼渡、甘宁、高峰、新田、高梁、大周等非常适宜茶叶种植。在海拔较高的山脉丘陵地带由于气温偏低，易造成冻害，不适宜茶叶种植。

六、烤烟

烤烟是生产卷烟的原料，种植烤烟是重庆许多山区农民重要的经济来源，也是万州区 6 大特色产业之一。重庆东北部、东南部山区气候类型多样，立体气候明显，小气候类型多样，为发展烤烟生产提供了得天独厚的条件，许多地方是烤烟的适宜栽培区，所产烟叶颜色金黄，有光泽，有弹性，内在化学成分的构成十分协调，烟叶吸味清香、醇和、余味纯净，烟叶质量与云烟相当，多次获得全国金奖。万州的烤烟种植主要集中在孙家、恒合、白土 3 个乡镇。

（一）气象条件

温度：烤烟属喜温作物，当气温低于 10 ℃ 即停止生长，2 ~ 3 ℃ 遭受冻害，以 22 ~ 28 ℃ 最为适宜，移栽期要求日平均气温 >13 ℃，移栽至顶叶成熟需大于或等于 10 ℃ 活动积温 2 200 ~ 2 600 ℃·d。另一方面，烤烟质量与其成长期的温度关系密切，以 20 ~ 25 ℃ 对烤烟质优最有利，温度过低，不利于酶的活动和蛋白质及淀粉等物质的转化，烟叶调制颜色和口味均差；而温度过高，虽然烟叶生长迅速，营养体庞大，产量较高，但烟叶纤弱，品质下降；若气温超过 30 ℃、特别是 35 ℃ 时，则烟叶组织粗糙，香气淡薄，品质变劣。

光照：烤烟是一种喜光植物，从栽培的角度出发，要求日光充分而不强烈，对烟叶质量较为有利，尤其在成熟期，充足的日光是生产优质烟叶的必要条件。如果日光不足，组织内部细胞分裂慢，而倾向于细胞伸长和细胞间隙的加大，特别是机械组织发育差，植株细软纤

121

弱。同时，由于光照不足，光合作用受阻，植株生长缓慢、成熟延迟，干物质积累减少，叶片薄，香气不足，品质下降；若光照过强，叶片的栅栏组织和海绵组织加厚，烟叶厚而粗糙，叶片的烟碱含量过高，也影响品质。据资料分析：烤烟大田日照时数 530 ~ 670 小时，每天平均有 4.5 ~ 5.5 小时即可；采烤期为 250 ~ 300 小时，每天 5 ~ 6 小时的日照才能满足形成优质烟叶的需要。

万州区海拔较高的山区，夏季日照较低坝河谷地带偏少，但在海拔 800 ~ 1 500 米的山地，6—9 月日照时数仍有 590 ~ 690 小时。加之山地正午对流云发展旺盛，云块随风飘移，使光照强度较大的中午日照大为减弱，正好形成时遮时晒的有利生境。此外，高海拔山地盛夏空气湿度较大，容易形成对烤烟生长十分有利的大晴大露天气。

水分：优质烤烟生产对水分条件的要求比较严格，以田间持水量的 70% ~ 80% 为宜，若降水过多，则根系发育差，叶片徒长纤弱，易枯黄，且易染病害。若降水过少，土壤干旱，不仅植株矮小，出现早衰，影响产量，而且烟叶粗糙，质量下降。

万州区常年 5，6 月份雨水较多，日均降水量多达 5 毫米以上，以致苗期雨水常有过多之虑，这也是本区烤烟生产的不利因素。万州区 7，8 月多年平均降水量虽较丰富，但由于时段分配不合理，加上年际之间波动较大，常有伏旱发生，但在烤烟适宜栽培地带，降水量较低坝河谷明显偏多，伏旱影响不大。

（二）区划指标及区划图

温度是影响烤烟生长发育最主要的因素。因此，把年平均气温作为烤烟的区划指标。具体见表 2-6-1。

表 2-6-1 烤烟气候区划指标

类型	基本指标
	年平均气温（℃）
热量适中最适宜区	12 ~ 14
气候偏凉适宜区	11 ~ 12
气候温暖适宜区	14 ~ 15
气候偏热不适宜区	≥ 15
气候寒冷不适宜区	< 11

根据上述指标，制作出烤烟气候区划图，见图 2-6-1。

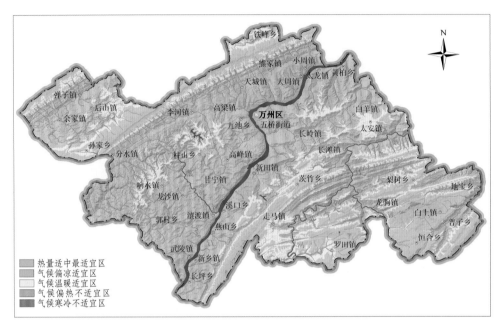

图 2-6-1　烤烟气候区划

　　根据区划图，万州的大部分地区由于气候偏热不适宜种植烤烟，在海拔较高的孙家、茨竹、走马、罗田、梨树、白土和恒合等乡镇适合种植烤烟。万州区气象局在孙家、白土和恒合三个产烟的重点乡镇设立了炮站，防御烤烟遭受冰雹灾害。

（三）烤烟生产高产优质途径

1）根据气候规律合理布局烤烟是高产优质的基础。尽量把烤烟生产安排在海拔 800 ~ 1 500 米的适宜区，并向海拔 900 ~ 1 300 米的最适栽培区集中，为烤烟生长发育提供最佳生态环境。

2）依据气候规律和烤烟生长发育特点，把采烤期安排在光温最佳时段是高产优质的重要环节。重庆市盛夏 7，8 月是光照资源最丰富的季节，两月日照时数占全年的 30% 以上，南北山地日照百分率在 45% 左右，加上这两月温度适宜，有利于优质烟叶的形成，是烤烟的最适生态环境。因此，应把烟叶生产的主要时期安排在这一光温适宜的时段，这一特点也决定了万州区烤烟生产应以栽培夏烟为主。

3）采取地膜肥球育苗是抵御低温培育壮苗的有效措施。要将采烤期安排在光温适宜的 7，8 月，必须适时早播。因此，生产上必须采用地膜肥球育苗技术，既能抗御低温，培育壮苗，又提早了采烤期。

4）加强管理，排湿抗旱。万州区烤烟栽培区，5—6 月雨水明显偏多，对烟苗生长不利，生产上要注意清沟排湿；另一方面，海拔 800 ~ 900 米地带，盛夏 7，8 月常有伏旱发生，对烟叶生长也有不利影响。因此，在搞好清沟排湿的同时，要尽量选择土层深厚的地境种植，并兴修一定的蓄水灌溉设施，确保旱期能适时灌溉，以保证烤烟高产优质。

七、油桐

油桐是亚热带丘陵山区林农间作的优势树种之一，我国是桐油主产国；油桐主要分布在我国的北纬20°15′—34°30′，东经99°40′—122°07′，其中四川、重庆、贵州面积最大，约占全国总面积的50%。三峡库区是最适合油桐树种生长的地区，在20世纪60—70年代，万州油桐产业就一度兴盛，曾有"世界桐油在中国、中国桐油在万州"的说法。

用桐籽榨出来的油，即桐油，是一种极好的干性油，具有干燥快、比重轻、光泽好、附着力强、抗冷热潮湿等优点。主要用于油漆、船舶、家具、电器、油墨、医药等行业。目前，桐油又被用于生产生物柴油等新领域，不仅可合成许多化工产品，而且是可以替代石油能源的生物新能源原料。

（一）气象条件

油桐喜光，喜温暖、忌严寒，对温度、降水、日照等气象要素有一定的要求。盛夏伏旱和秋季寡照都是影响油桐产量和含油量的主要气候问题。伏旱是影响低海拔油桐的主要气候问题，而高海拔地区的主要气候问题是热量不足。

桐籽油分形成高峰期的9—10月是决定桐油品质的关键时期，该期天气晴好，日较差大，有利降低酸价，提高桐油品质。桐籽油分形成前期的伏旱则是影响桐油品质的不利因素。

（二）区划指标和区划图

根据油桐与气象条件的关系，选取了与油桐生长联系较为密切的气温和9—10月的日照时数作为油桐气候区划的指标。具体见表2-7-1。

表 2-7-1 油桐气候区划指标

类型	基本指标	
	年均温 T（℃）	9—10月日照时数 S（小时）
光温匹配最适宜区	$15.7 \leqslant T<17.1$	$S \geqslant 200$
气候温热适宜区	$17.1 \leqslant T<17.9$	$S \geqslant 185$
气候温凉适宜区	$14.8 \leqslant T<15.7$	$S \geqslant 185$
气候炎热较适宜区	$T \geqslant 17.9$	$S \geqslant 185$
气候冷凉较适宜区	$14.0 \leqslant T<14.8$	$S \geqslant 185$
光照一般较适宜区	$T \geqslant 14.0$	$S<185$
气候寒冷不适宜区	$T<14.0$	—

根据上述指标，采用地理信息技术与农业气候区划指标相结合的方法，利用 ArcGIS 和 1:5 万的 DEM 制作出油桐气候区划图，见图2-7-1。

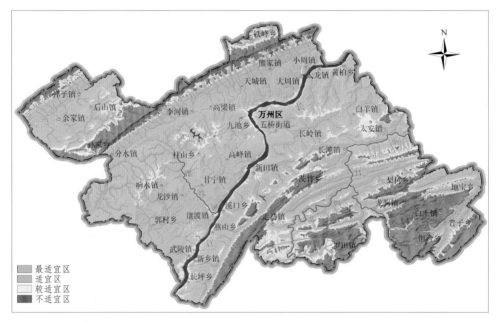

图 2-7-1　油桐气候区划

　　根据区划图，万州区适宜种植油桐的面积较广，主要分布在降水
充足、低海拔热量较多的地区，在高海拔的孙家、走马、茨竹、罗田、
白土和恒合等乡镇由于热量较少不适宜发展油桐种植。

八、桑树

万州区栽桑养蚕历史悠久，境内具有得天独厚的资源优势，宜桑面积宽广，水利资源丰富，自然气候适宜栽桑养蚕。

（一）气象条件

温度：桑树喜高温多湿环境，当温度低于 -5 ℃时，易受冻害；当春季温度上升到 12 ℃时，桑叶萌发，并开始长出新根。地温在 25 ℃左右，桑树根系吸收作用旺盛，而一旦地温高于 40 ℃或低于 10 ℃时，桑树便停止生长。桑树生长最适宜温度范围是 25 ～ 37 ℃，桑叶产量的高低与积温的多少成正相关。

水分：桑树一生需水较多，在光合作用中合成 1 克干物质需水 274 克，而用于叶面蒸腾耗水更是惊人。春季 30 ～ 50 厘米土壤相对湿度为 70% 左右比较适宜，低于 55% 则干旱，低于 45% 则呈重旱；夏季 30 ～ 50 厘米土壤相对湿度以 78% 为适宜，低于 60% 则干旱，低于 50% 则出现重旱；秋季土壤湿度指标则介于春、夏之间。

光照：桑树是阳生喜光植物，全生育期要求光照为 1 500 ～ 1 700 小时。光照充足，叶色浓绿，叶肉厚，干物质积累多，叶质优，产量高。用这种叶养蚕，蚕体健康，抗病力强，产茧量高。因而，光能利用率的提高需要桑园合理密植，结构良好。

（二）区划指标及区划图

根据桑树与气象条件的关系，把与桑树生长联系较为密切的气温作为桑树农业气候区划的指标。具体见表2-8-1。

表2-8-1 桑树气候区划指标

类型	基本指标
	年平均气温（℃）
热量适中最适宜区	14.7 ~ 17.1
气候偏热适宜区	≥ 17.1
气候偏凉次适宜区	12.2 ~ 14.7
气候寒冷不适宜区	< 12.2

根据上述指标，制作出桑树气候区划图，见图2-8-1。

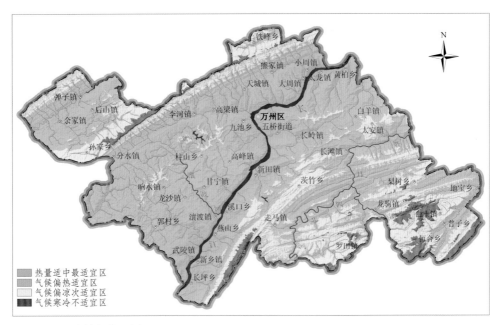

图 2-8-1　桑树气候区划

图中图例：
热量适中最适宜区
气候偏热适宜区
气候偏凉次适宜区
气候寒冷不适宜区

　　从图 2-8-1 可见，万州的大部分都适宜发展蚕桑业，除了一些海拔高、热量低的山区。最适宜区为海拔较低、热量较高、湿度较长江沿线偏低的乡镇，包括余家、后山、分水、龙沙、柱山、白羊、熊家等；不适宜地区主要集中在万州的东南部的白土、恒合、罗田，以及海拔在 1 000 米以上的铁峰山地区。

九、核桃与板栗

核桃与扁桃、腰果、榛子并称为世界著名的"四大干果"。核桃仁含有丰富的营养素，每百克含蛋白质 15 ～ 20 克，脂肪较多，碳水化合物 10 克；并含有人体必需的钙、磷、铁等多种微量元素和矿物质，以及胡萝卜素、核黄素等多种维生素。

板栗是壳斗科栗属的植物，生长于海拔 370 ～ 2 800 米的地区，多见于山地，已由人工广泛栽培。栗子营养丰富，维生素 C 含量比西红柿还要高，更是苹果的十几倍。栗子中的矿物质也很全面，有钾、锌、铁等。

（一）气象条件

核桃树是喜光树种，全年日照时数在 2 000 小时以上，方能保证正常发育；如小于 1 000 小时，则结果不良；适宜生长在年平均气温为 9 ～ 16 ℃，无霜期在 150 天以上的地区；核桃树对空气湿度的适应性较强，能耐干燥空气，但对土壤水分则比较敏感，核桃产区年降水量在 500 ～ 700 毫米较为适宜。

板栗为喜光树种，年日照时数应在 1 200 ～ 2 900 小时，光照充足时，板栗才能正常结果；板栗对温度的适应性较强，不仅耐寒，而且耐热。在年平均气温为 10 ～ 22 ℃，大于或等于 10 ℃ 的积温为 3 100 ～ 7 500 ℃·d，极端最高气温不超过 39.1 ℃、极端最低气温不低于 –24.5 ℃ 的条件下均能正常生长，最适宜的气温为 10 ～ 15 ℃。板栗对降水量的要求不高，年降水量为 500 ～ 2 000 毫米的地区均能栽培。

（二）区划指标与区划图

根据核桃、板栗与气象条件的关系，选取了与两者生长联系最为密切的温度作为核桃板栗农业气候区划的指标。具体见表2-9-1。

表2-9-1 核桃、板栗气候区划指标

类型	基本指标
	年均温 T（℃）
适宜区	$10 \leqslant T < 14$
次适宜区	$T < 10$，$T \geqslant 14$

根据上述指标，制作出万州区核桃板栗气候区划图，见图2-9-1。

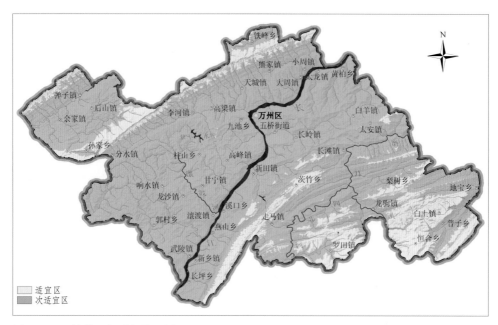

图 2-9-1 核桃、板栗气候区划

　　根据区划图，万州区各地均适宜核桃、板栗的种植，万州中部海拔较低地区是核桃、板栗种植的次宜区，在海拔较高的铁峰山附近地区，以及走马、茨竹、罗田、白土、恒合、梨树等乡镇属核桃、板栗种植适宜区。

气象防灾减灾篇

第三章　主要气象灾害

气象灾害是指大气对人类的生命财产和国民经济建设及国防建设等造成的直接或间接的损害，它是自然灾害中的原生灾害之一。一般包括天气、气候灾害和气象次生、衍生灾害。在各类自然灾害中，气象灾害包含的种类最多，影响也最大，是自然灾害中最为频繁而又严重的灾害。万州区主要有干旱、暴雨、高温、低温、连阴雨、洪涝、大风、冰雹、雷电、大雾等气象灾害。

一、干旱

干旱是万州区最主要的气象灾害之一，其发生频率高，影响范围大。根据万州区的气候特点和农业生产特点（主要是农作物生长发育和农事活动对水分的需求），将干旱分为：春旱（3—4月）、夏旱（5—6月）、伏旱（7—8月）、秋旱（9—10月）和冬旱（12月至次年2月）五种。

万州区的干旱以伏旱为主，秋旱次之，夏旱较少发生。2006年，本区出现了夏旱连伏旱的严重干旱，其大于35 ℃的高温日数达到67天，大于40 ℃的高温日数达到14天，日最高气温突破历史极值，达到42.3 ℃，降水量严重偏少。干旱时间早、长、强度大、高温天数多、极值高，为本区50年来未见。旱灾给全区人民生产、生活带来了严重影响并造成了重大损失。据统计，全区52个乡镇、448个村、120万人不同程度遭受旱魔肆虐，有46座水库、4 947口山平塘干涸，87.5万人，88.5万头牲畜饮水发生严重困难，直接经济损失累计 4.39 亿元（数据来自区民政局）。

万州区春旱发生频率大部低于 20%，新田以北的长江沿岸河谷地带及磨刀溪沿岸河谷等地区发生概率略高。春旱一般发生在 3—4 月，此时正值小春作物生长旺盛期和大春作物播栽期，春旱一旦发生，会对农业生产造成一定的影响，特别是在前期降水明显偏少的情况下出现的持续春旱，对农业生产的影响更是不可小视，不仅直接造成小麦、油菜等粮经作物减产，还使水稻育秧、栽插，玉米、红薯、花生、大豆、烟叶等粮经作物播种、出苗受到影响，推迟大春作物生育进程、使大春作物难以避开伏旱高温的影响而减产。

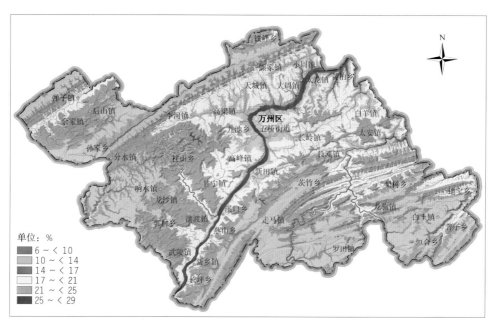

图 3-1-1　春旱发生频率

第三章　主要气象灾害

　　万州区的夏旱发生频率低，大部不到 10%，相对较高的仍是长江
沿岸河谷地带及太安镇、白羊镇、余家镇、弹子镇等乡镇。夏旱一般
发生在 5—6 月。这两个月是水利工程蓄水的关键期，夏旱的出现，
将显著影响全年工程蓄水量，对伏旱期间抗旱用水产生重要影响。

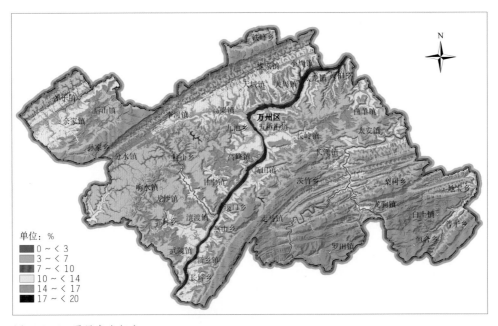

图 3-1-2　夏旱发生频率

万州区的伏旱发生概率最高，大部分地区可达50%～60%，长江沿岸河谷地区超过60%，也就是说万州区每十年就有5～6年会发生伏旱。伏旱一般发生在7，8月，此时本区受副热带高压控制，天气晴热少雨，而农作物生长发育旺盛，需水量大，因而伏旱发生频率高，强度大，损失严重。伏旱及其伴随出现的高温是最主要的农业气象灾害，是农业生产最主要的限制因子。伏旱直接影响水稻开花结实和玉米灌浆成熟，导致红薯大面积萎蔫、干枯甚至死亡；还造成在土蔬菜、经济林果等发育不良、枯萎、甚至死亡；严重伏旱还使得河水断流、灌溉饮用水源枯竭，人畜饮水困难、森林火灾频发。

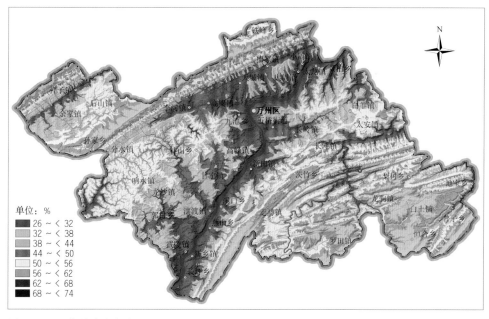

图 3-1-3 伏旱发生频率

　　万州区大部地区的秋旱发生概率为 21% ～ 26%，长江沿岸河谷地区及东部平行岭谷地区的太安镇、梨树乡、茨竹乡等乡镇发生概率略高，可达 30% 左右，铁峰山、方斗山、七曜山等海拔较高地区的恒合土家族乡、白土镇、罗田镇等乡镇旱低于 16%。秋旱一般发生在秋季 9—11 月，这是夏季向冬季的过渡季节，干旱或阴雨是否发生或发生的程度如何，决定于秋季冷空气活动的早迟和强弱，以及副热带高压南退东撤和雨带南移的情况，因而年际间气候的波动幅度较大。秋旱对柑橘等经济林果生长有较大影响，又是影响晚秋作物或小春作物适时播栽的关键，特别是一些年份伏秋连续干旱对当年乃至次年的农业生产和人民生活用水、工程蓄水都可能造成严重的影响。

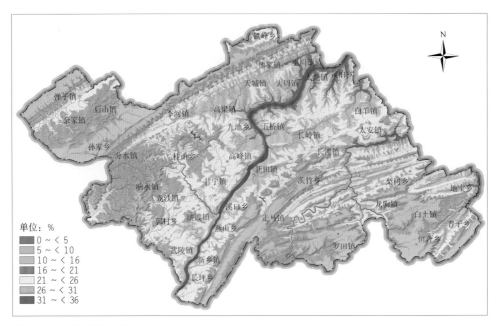

图 3-1-4　秋旱发生频率

万州区的冬旱发生概率和春旱差不多，分布也较为相似。冬旱一般发生在12月—次年2月。冬旱对农业生产和人民生活有一定的影响，只是其影响相对隐蔽，不为人们所重视。一般情况下，其影响主要表现为抑制作物营养生长，但冬旱严重时，也使作物内部发育受到影响，造成小麦穗小粒少，油菜、蚕豆、碗豆荚小粒少，马铃薯播种出苗困难等等，同时，造成人畜饮水困难。

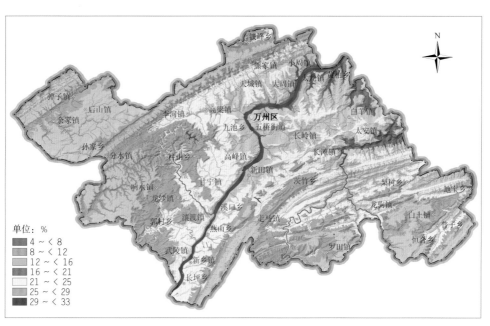

图 3-1-5　冬旱发生频率

二、暴雨

暴雨是指降水强度很大的雨。我国气象上规定，连续 12 小时降水量达 30 毫米以上或 24 小时降水量达 50 毫米以上的降水过程称为暴雨。按其降水强度大小又分为 3 个等级，即 24 小时降水量在 50 ~ 99.9 毫米称暴雨；在 100 ~ 249.9 毫米为大暴雨；250 毫米及以上称特大暴雨。

暴雨是万州区最主要的气象灾害之一，其危害仅次于干旱，它具有影响面积大，危害面广等特点。暴雨易引起江河泛滥，造成大面积积水，由暴雨引发的洪水常常淹没农田、冲毁堤坝、房屋、道路、桥梁，还易引起山洪暴发，导致泥石流、山体滑坡、崩塌等灾害，严重危胁人民的生命财产安全。2009 年 6 月 28 日，本区部分地方遭受大暴雨袭击，21 个乡镇街道，14.5 万人受灾，失踪 1 人，受伤 5 人，紧急转移安置人口 3 460 人，直接经济损失 11 752 万元（数据来自区民政局）。研究暴雨的时空分布规律和特点，对防灾减灾有着重要的意义。

从图 3-2-1 可以看出，万州区的暴雨发生频率与海拔高度关系密切，海拔越高，暴雨发生次数越多。区内大部地区发生暴雨的频次为 4 ~ 5 次 / 年，铁峰山、七曜山等高海拔地区达到 5 ~ 6 次 / 年。暴雨洪涝对农业生产的影响，除了短时强降水直接造成的物理性危害，如农作物倒伏、农田损毁等一般意义的"洪水"灾害；还有大量降雨后未能及时排水使农田出现积水，导致作物受害，房屋被淹的情况，可以归为涝害；再有就是前期降水导致农田并无明显积水，但土壤长期处于饱和状态，植物根系缺氧受害，发育不良，甚至死亡，还导致多种病害的情况，称之为渍害或沥涝。

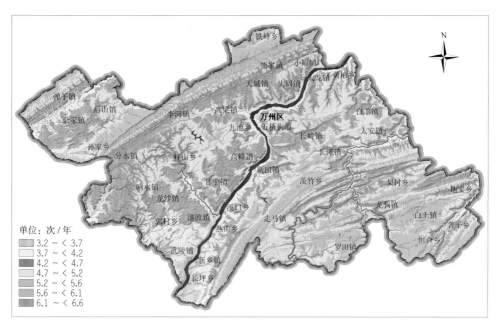

图 3-2-1　暴雨发生频率

第三章　主要气象灾害

三、高温

　　高温天气通常是指日最高气温大于或等于 35 ℃ 的天气。高温天气和社会生产及人民生活息息相关，人体长时间在户外劳动或处于酷热之中，容易引发中暑，严重时还会威胁生命安全。根据我国相关规定，用人单位安排劳动者在高温天气下（日最高气温达到 35 ℃ 以上）露天工作以及不能采取有效措施将工作场所温度降低到 33 ℃ 以下的（不含 33 ℃），应向劳动者支付高温津贴。

　　在农业生产中，高温主要是指气温超过某种界限，动植物不能适应这种环境而引发各种事故的灾害现象。万州区对农业影响的高温天气主要包括 2 种类型，一是盛夏时期的高温天气；二是春末小麦等小春作物生育后期（4 月到 5 月上旬）的高温天气，主要影响小麦、油菜的灌浆，导致灌浆期缩短、甚至灌浆异常中断。

　　万州区高温日数较多，盛夏高温酷热常称"火炉"。在全球气候变暖的大背景下，万州区高温日数亦有增多趋势，特别是日最高气温于 2006 年达到 42.3 ℃，突破 1972 年的 42.1 ℃ 的历史记录，为有气象记录以来历史极值。

从图 3-3-1 可看出，万州区大部地区历史极端最高气温为 40 ℃，铁峰山、七曜山等高海拔地区极端最高温度低于 36 ℃；长江沿岸河谷等低海拔地区极端最高温度在 42 ℃以上。

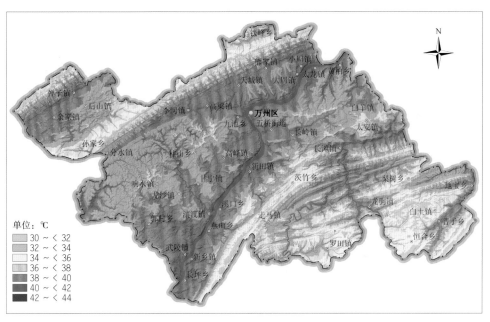

图 3-3-1　历史极端最高气温

由图 3-3-2 可见，万州区大部地区年平均气温大于 35℃的天数在 13 天以上，长江及其支流沿岸地区在 25 ～ 30 天，城区、长江沿岸河谷 200 ～ 300 米低海拔地区甚至可达 37 天以上。总体来说，万州区大部地区最高气温较高，出现高温天气的天数较多，夏季高温酷暑是其显著气候特点。

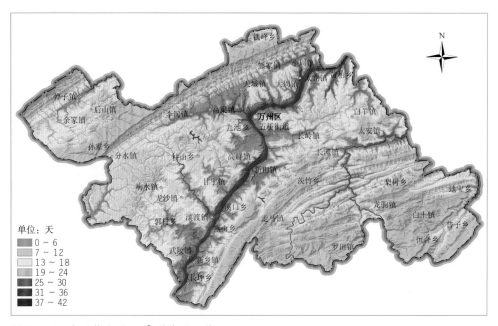

图 3-3-2　年平均大于 35℃的高温日数

四、低温

低温也是对万州区影响较重的灾害性天气之一。低温常常和其他的灾害性天气相伴出现，如低温连阴雨、低温雨雪冰冻天气等。其任何一种灾害性天气出现，都将给农业生产和人民生活带来巨大的损失和危害。2008年1—2月，我国南方广大地区出现大面积雨雪冰冻天气，万州区也受到较大影响，当时道路交通、基础设施及农作物均受灾严重，经济损失累计达9 750万元（数据来自区民政局）。

由图3-4-1可见，万州区低温较重，大部地区历史最低温度在–8 ～ –2℃，在海拔较高的铁峰山、方斗山、七曜山等地区最低温度在–10℃以下。由于近年来全球变暖，万州区大部地区最低温度都升至–5℃以上，但是高海拔地区最低温度仍较低。

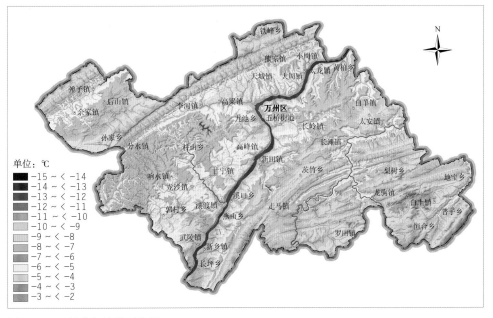

图3-4-1　历史极端最低气温

五、连阴雨

连阴雨又称绵雨，是万州区影响较重的灾害性天气之一。根据重庆市地方气象灾害标准，连阴雨是指连续 6 天及以上阴雨且无日照，其中任意 4 天白天雨量 ≥ 0.1 毫米（连续 3 天白天无降水则连阴雨过程终止）。连阴雨常常和低温相伴，称为低温连阴雨。严重的连阴雨天气常常给农业生产造成严重的影响。例如 2013 年 9 月 2—11 日，万州区出现了持续 10 天阴雨天气，较常年偏多 5 天左右，对本区小麦、油菜、水稻、玉米、春洋芋、红薯、蔬菜等粮经作物造成了严重的影响。

万州区一年四季都可能出现连阴雨，其中春季连阴雨和盛夏连阴雨发生概率在 45% 左右，冬季连阴雨发生概率较低，大部地区为 20% ~ 30%，而初夏连阴雨和秋季连阴雨发生概率可达 70% 上下。"一年之计在于春"，初夏是春播的关键时期，连阴雨天气给春播工作带来不便，同时也影响油菜等小春作物的收晒。秋季更是一年中收获的季节，连阴雨对水稻、玉米、烤烟等作物的收成和品质影响重大。

万州区大部地区春季连阴雨发生概率为30%～50%，南部方斗山、七曜山等海拔较高地区可达50%～60%，城区及其周边长江河谷、磨刀溪流域下游等地区发生概率相对较低，在30%以下。春季连阴雨常伴有低温，会引起烂秧、死苗等，导致大春作物苗期发育不良，是万州区水稻产量主要的限制因子之一；另外，春季连阴雨也影响小春作物的扬花、授粉及灌浆成熟，并容易引起小麦、油菜等病虫害的发生、蔓延。

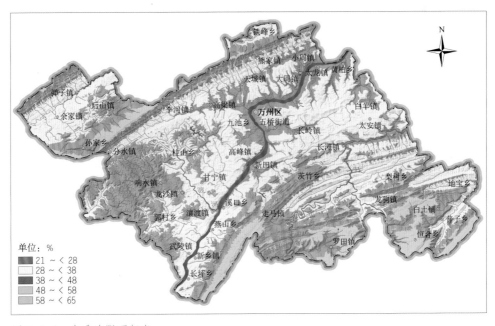

图 3-5-1　春季连阴雨频率

初夏连阴雨发生概率最高，除长江、浦里河、磨刀溪等沿岸河谷地区低于50%外，其他地区均高于50%，西北部、东部中高山地区乡镇可达70%～80%，而铁峰山、方斗山、七曜山等高山地区高于90%。初夏连阴雨主要影响大春作物的扬花、授粉、初期灌浆，也影响小春作物及时收晒。

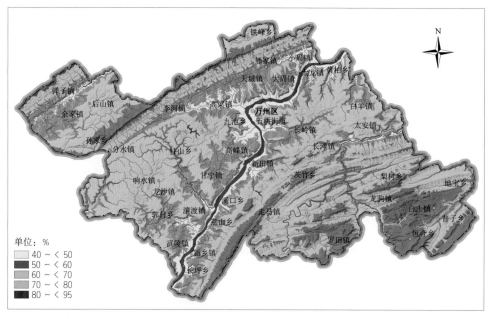

图 3-5-2　初夏连阴雨频率

盛夏连阴雨发生频率不高，全区大部地区为35% ~ 50%，长江及其支流沿岸河谷地区较低，仅为30% 左右。8月上中旬的连阴雨对大春作物收晒有一定的影响；此外，盛夏期间发生的连阴雨也容易因为阴雨结束后的迅速升温，对在土作物，特别是蔬菜生产造成严重影响。

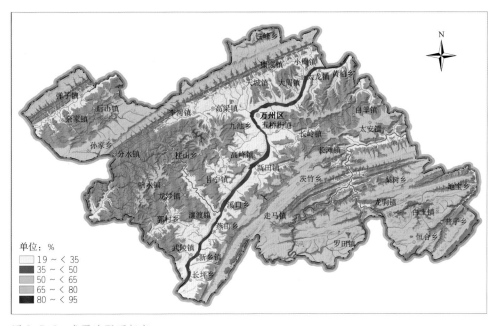

图 3-5-3　盛夏连阴雨频率

秋季连阴雨发生频率较高，全区大部地区可达66%左右，东北部的长江及其支流沿岸河谷地区略低，但也在60%左右。秋季连阴雨常和低温相伴，主要影响大春作物收晒，也会影响到小春作物的播种出苗。

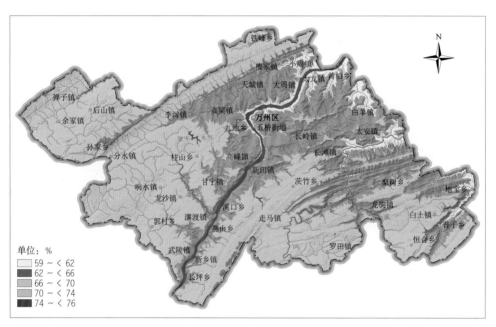

图 3-5-4　秋季连阴雨频率

冬季连阴雨发生频率较低，大部地区为 20% ～ 30%，铁峰山、方斗山、七曜山等部分高海拔地区为 30% ～ 40%。冬季连阴雨主要影响蔬菜生长，也容易导致小春作物病虫害。

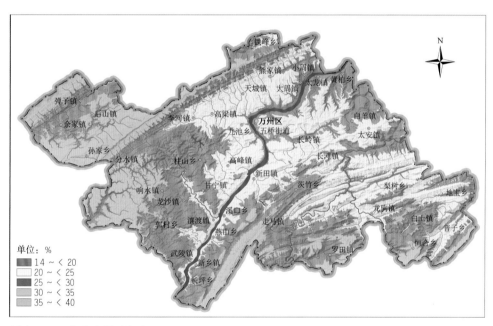

图 3-5-5　冬季连阴雨频率

第四章　气象灾害风险区划

　　从灾害学的角度出发，形成气象灾害必须具有以下条件：存在诱发气象灾害的因素（致灾因子）及其形成气象灾害的环境（孕灾环境）；气象影响区有人类的居住或分布有社会财产（承灾体）；人们在潜在的或现实的气象灾害威胁面前，采取回避、适应或防御的对策措施（防灾减灾能力）。

　　气象灾害风险是由孕灾环境敏感性、致灾因子危险性、承灾体易损性和防灾减灾能力4个主要因子构成的，每个因子又是由若干评价指标组成。根据自然灾害风险理论和气象灾害风险的形成机制，建立气象灾害风险评估概念框架，如下图所示。

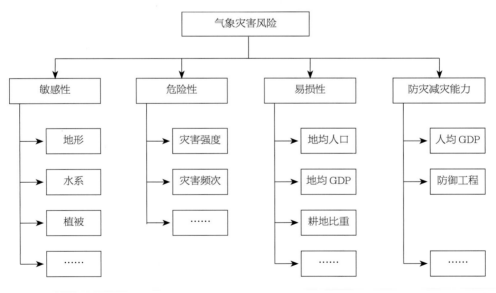

气象灾害风险评估概念框架

在研究暴雨洪涝、干旱、高温、低温、风雹等气象灾害风险区划时，根据不同的灾害类型选取了最容易导致这些灾害发生的指标，如暴雨洪涝灾害风险区划指标中，孕灾环境敏感性方面就选取了综合地形、水体密度、植被覆盖度等指标；致灾因子危险性方面选取了暴雨强度和暴雨频次等指标；承灾体易损性方面选取了地均人口、地均GDP、耕地比重、易涝地比重等指标；防灾减灾能力则选取了人均GDP和防洪除涝工程等指标，见下图。通过对上述这些指标的综合分析，得到了万州区暴雨洪涝风险区划。因篇幅有限，就不一一列出所有灾害风险区划的指标。

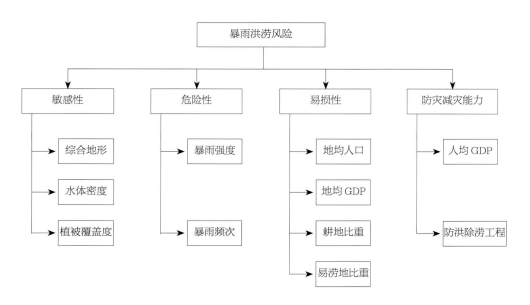

暴雨洪涝灾害风险区划指标

一、气象灾害综合风险区划

气象灾害综合风险区划分为五个级别，即低风险区、次低风险区、中等风险区、次高风险区和高风险区。万州区气象灾害综合风险呈现北部风险等级较高、而南部风险等级较低，同时北部的较高等级风险区中又呈现东西分散的特点。高风险区中东部主要是集中在太安、长滩一带，西边主要集中在孙家、分水一带；次高风险区主要集中在靠近主城区的长江沿线一带；中等风险区除南部外大部地区都有分布；而次低、低风险区主要集中在南部罗田、新乡、燕山、长坪、恒合一带。

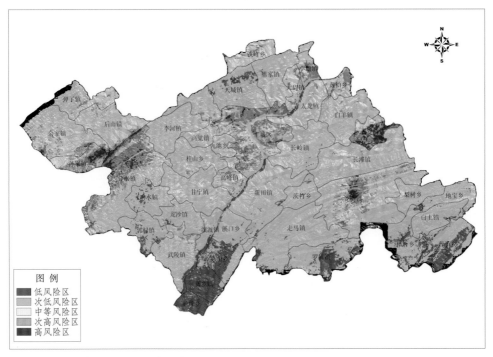

图4-1-1 气象灾害综合风险区划

二、暴雨洪涝

暴雨是指大气中降落到地面的水量 24 小时达到或超过 50 毫米的降雨，暴雨经常夹杂着大风、雷电等伴生灾害。降水量 24 小时在 100 ~ 249.9 毫米的为大暴雨，超过 250 毫米的为特大暴雨。暴雨来得快，雨势猛，尤其是大范围持续性暴雨和集中的特大暴雨，它不仅影响工农业生产，而且可能危害人民的生命，造成严重的经济损失。洪涝就是暴雨带来的灾害之一。暴雨引起的山洪暴发、河流泛滥，不仅危害农作物、果树、林业和渔业，而且还冲毁农舍和工农业设施，甚至造成人畜伤亡，经济损失严重。我国历史上的洪涝灾害，几乎都是由暴雨引起的，如 1954 年 7 月长江流域大洪涝，1975 年 8 月河南大洪涝，1998 年我国长江流域特大洪涝灾害等。2014 年 8 月 11 日，万州区北部出现大暴雨，其中李河镇四季田自动气象站日降水量达到 230.3 毫米，为本区乡镇设立区域气象自动站有记录以来日降水量最大值。这次暴雨洪涝使部分乡镇被淹没，造成了严重的人员伤亡及经济财产损失。

　　由图 4-2-1 可知，万州区暴雨洪涝高发区集中在主城沿长江周边和西部的浦里河与铁峰山南侧之间的区域，特别是浦里河沿岸及铁峰山南麓的分水镇一带，出现暴雨洪涝的可能性非常高是高风险和次高风险区；此外，在长滩、太安一带也是暴雨集中区，是暴雨洪涝高风险和次高风险区。因此，在强降水可能出现前，需特别注意上述流域人员、物资的转移及提前巡查工作。

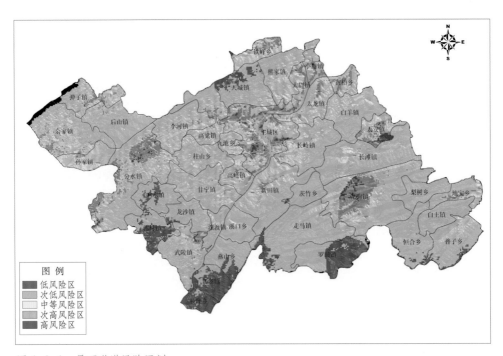

图 4-2-1　暴雨洪涝风险区划

三、干旱

干旱是指长时期的缺雨或雨水不足，从而引发水分严重不平衡，造成缺水、作物枯萎、河流流量减少及地下水和土壤水分枯竭的现象。

干旱的发生不仅仅是由降水多少决定的，它与地形地貌、土壤性质、河流分布、水利工程设施建设、水资源的有效利用、干旱预警和应急管理技术等都息息相关，加强旱灾高风险区的水利工程建设、适时开展人工增雨工作，都是减轻旱灾的重要手段。

万州各地除沿江及支流河谷地带主要为干旱低风险区外，其余地区均受干旱影响，其中在西部，孙家、后山、分水、响水、铁峰为较为集中的中等以上风险区；在东南部，白羊、太安、长滩、罗田、梨树、恒合、白土、走马等为较为集中的中等以上风险区。

春旱的高风险区为较高海拔的铁峰山、方斗山、七曜山等山脊区，次高风险区和中等风险区为丘陵山地及1 000米以上的中山区，而海拔相对较低的平坝河谷一带为春旱的低风险区和次低风险区。因此，在万州区海拔较高的北部和东南部后山、孙家、梨树、龙驹、普子等乡镇，在春季播种时，应选择耐高温干旱的稳产品种，采取适宜的栽培技术，适时早播、早栽、早管。

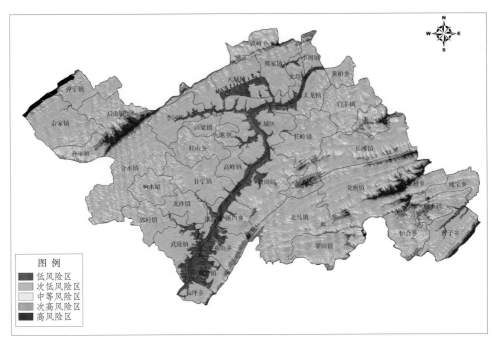

图 4-3-1　春旱灾害风险区划

夏旱的灾害风险区划与春旱基本一致，高海拔地区风险较高，平

坝河谷地区风险较低。

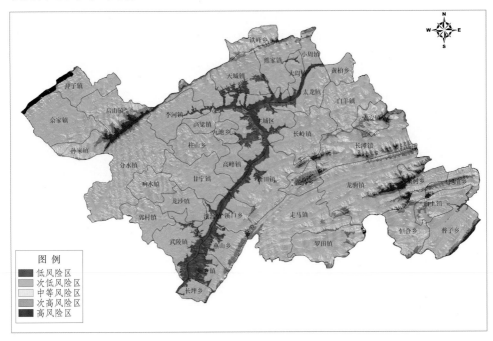

图 4-3-2　夏旱灾害风险区划

伏旱风险区划与春旱、夏旱也基本一致。因为万州区伏旱发生频率高，因此，在高风险区，应加强山坪塘、小水库的建设，多植树造林、退耕还林，搞好水土保持，并且在干旱发生期间，抓住合适的天气系统，进行人工增雨作业等，以减少干旱带来的损失。

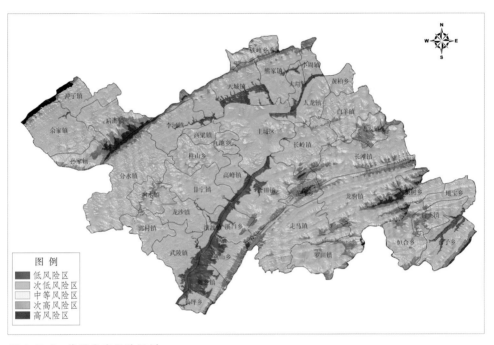

图 4-3-3　伏旱灾害风险区划

秋旱的灾害风险区划与春旱、夏旱有较大差别，平坝河谷地区风险较低，北部及东南高海拔地区风险也较低，而海拔 1 000 米以下的丘陵山地风险较高，主要是西部的分水、余家、甘宁、柱山、龙沙、郭村以及东部的黄柏、小周、长滩等乡镇最高。

161

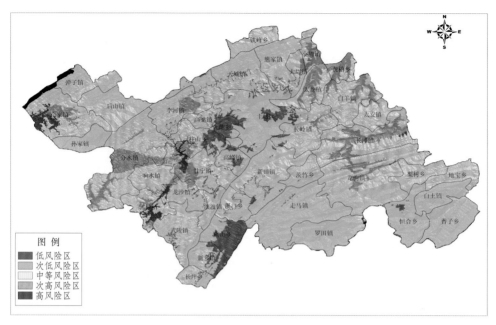

图 4-3-4 秋旱灾害风险区划

    冬旱的灾害风险区划与春旱、夏旱、秋旱基本一致，高海拔地区
风险较高，平坝河谷地区风险较低。

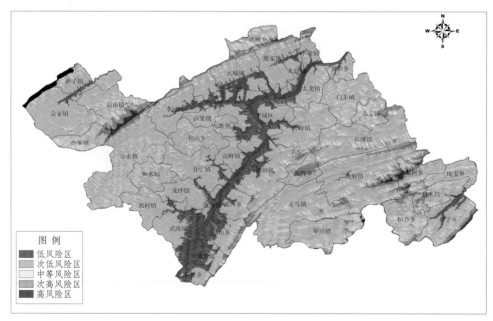

图 4-3-5 冬旱灾害风险区划

四、高温

　　高温酷暑对农作物生产有很大影响，如：盛夏高温对水稻、玉米等农作物扬花授粉、结实和籽粒增长，柑橘、油桐等经济果实增长等都有很大的影响，严重的高温强光直接造成柑橘"日灼"，烧伤果皮和内质，对农林水果产品质量造成严重影响；蔬菜在 32℃ 以上高温会引起落花，使坐果率降低，对黄瓜、茄子、菜豆等生长发育均带来不利影响；马铃薯在温度高于 26 ~ 29℃ 时，块茎即停止膨大；同时，高温对人畜的影响也非常突出，特别是高温期间往往伴随高湿，人畜不适之感尤甚；工程设计、施工也必须考虑高温的影响。

　　由图 4-4-1 可知，沿长江及其支流河谷、低海拔区域为高温高发区，主要集中在主城周边乡镇。应对高温时，首先要做好防暑降温工作，要推广新的栽培及防御技术，合理密植，同时改善生态环境，植树造林，扩大森林覆盖率，推广绿色能源、降低城市热能排放等。

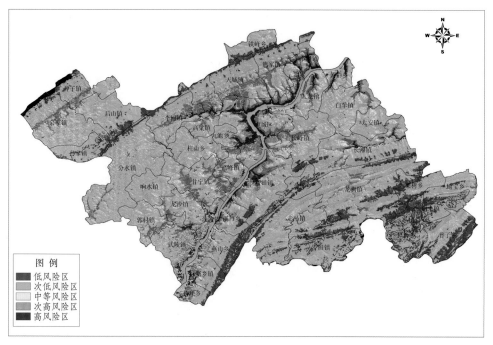

图 4-4-1　高温灾害风险区划

五、低温冷害

低温冷害是指农作物或经济林果生长期间出现的较长时期低于作物生育要求的临界温度的致害低温。万州区低温冷害往往出现在作物生长发育、甚至旺盛生长期间，其影响相当严重。万州区低温冷害在一年中的许多季节都可能发生，其中对农业影响最大的是春季低温和初秋低温。

春季低温通常由强降温引起，并常常与连阴雨相伴，形成持续低温阴雨时段，主要影响大春育苗，导致育苗不良，过强以及持续时间较长的低温还容易引起小春作物灌浆提前中止。如图 4-5-1 所示，主城区周围、沿长江及支流河谷沿岸低海拔地区是春季低温的低风险区，万州区西北部铁峰山、东南部七曜山一带高海拔地区是春季低温的高风险区。

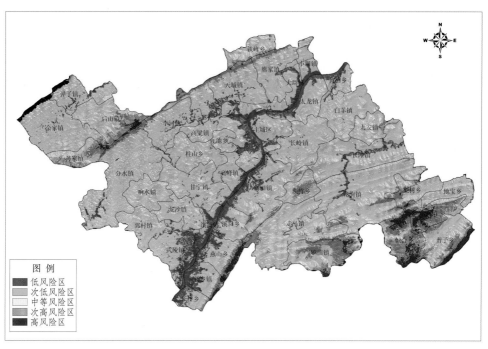

图 4-5-1　春季低温冷害风险区划

初秋低温主要影响大春作物灌浆成熟和秋收秋晒。如图 4-5-2 所示，万州区秋季低温冷害区划和春季低温基本一致。在对低温冷害进行防御时，要根据不同品种对低温冷害的承受能力进行合理地区划、布局，确定最适播种期，并采取覆盖等各种相应的抗灾措施；在高风险区要选择耐寒品种，促苗早发，合理施肥，促进作物早熟，以减轻低温冻害的影响。

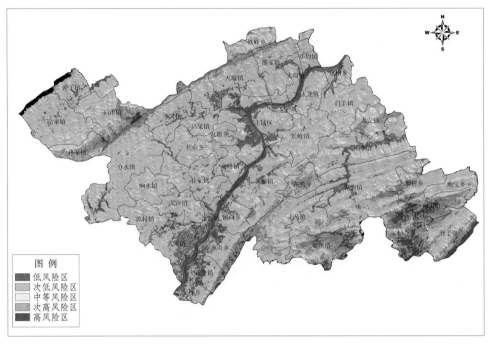

图 4-5-2　秋季低温冷害风险区划

六、冰雹

　　冰雹主要集中在春季和初夏，4，5月是出现冰雹最频繁的时期，一年中平均有2～4天出现冰雹。冰雹的出现有以下几个特点：局地性强，每次冰雹的影响范围一般宽几十米到数千米，长数百米到十几千米；历时短，一次狂风暴雨或降雹时间一般只有2～10分钟，少数在30分钟以上；受地形影响显著，地形越复杂，冰雹越易发生。万州区冰雹天气多发生在4—6月，此时正是农作物长势旺盛期，一次冰雹灾害的发生，将会造成重大的经济损失。

"雹打一条线"，冰雹出现的高风险区主要集中分布在铁峰到分水北部一线山脊，以及主城区长江沿岸及较高海拔地带，龙驹、茨竹、走马及罗田一带山脊，普子乡一带山脊，尤其是其中的孙家、白土等乡镇是万州区烤烟的主要种植区，更需注意加强人工影响天气作业，以减轻冰雹带来的危害。

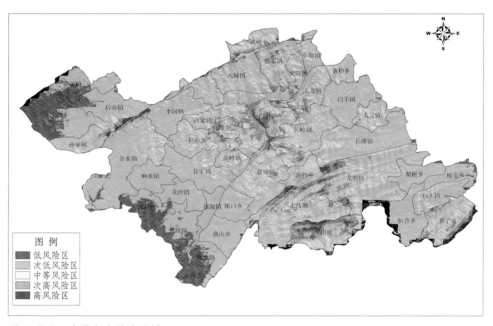

图 4-6-1　冰雹灾害风险区划

七、雷电

雷电分直击雷、电磁脉冲、球形雷、云闪四种。其中直击雷和球形雷都会对人和建筑造成危害，而电磁脉冲主要影响电子设备，云闪由于是在两块云之间或一块云的两边发生，所以对人类危害最小。当雷电发生时，主要的预防方法为：

（1）注意关闭门窗，室内人员应远离门窗、水管、煤气等金属物体。

（2）关闭家用电器，拔掉电源插头，防止雷电从电源线入侵。

（3）在室外时，要及时躲避，不要在空旷的野外停留。在空旷的野外无处躲避时，应尽量寻找低洼之处（如土坑）藏身，或者立即下蹲，降低身体高度。

（4）远离孤立的大树、高塔、电线杆、广告牌。

（5）立即停止室外游泳、划船、钓鱼等水上活动。

由图4-7-1可知，万州区雷电高风险区域并不集中，以分散的点状分布为主，这与本区为山地丘陵地貌有很大的关系。在修建高层建筑时，必须安装避雷装置，预防雷击灾害；在农村地区，雷电发生时切忌使用太阳能热水器洗澡。

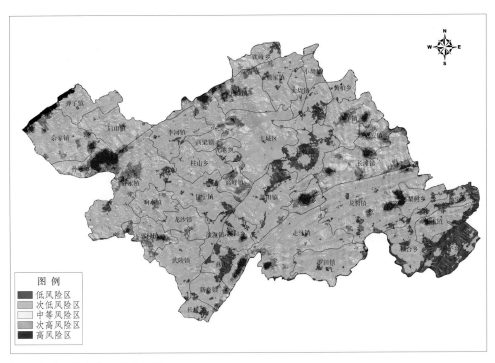

图 4-7-1　雷电灾害风险区划

八、连阴雨

连阴雨是指较长时期的持续阴雨天气。连阴雨出现时，降水量过多，是造成雨涝的重要原因之一。不仅如此，连阴雨时日照少、空气湿度大。春季、秋季连阴雨天又往往和低温相伴，这种低温寡照空气湿度过高的天气本身，便构成了对农作物的危害，如种子的霉烂、发芽，病虫害的滋生蔓延，导致农业减产。

由图 4-8-1 可知，万州区自东北向西南出现连阴雨的风险逐渐增高，在农业生产中，应掌握天气气候的演变规律，安排农事活动，使播种、收获等关键农事活动尽量避免连阴雨常出现的时段。同时，应在连阴雨高风险区选育耐湿品种，在连阴雨季节加强田间管理，及时清沟、排水等。

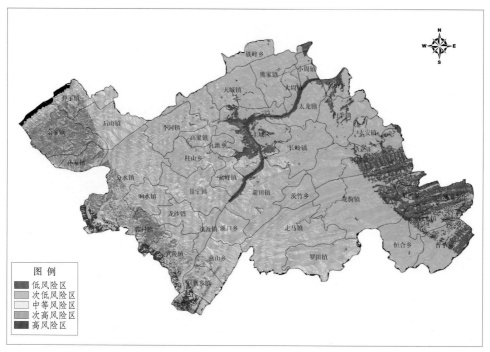

图 4-8-1　连阴雨灾害风险区划

九、强降温

　　强降温天气过程是一种大规模的强冷空气活动过程。万州区地处重庆市东北部山区，境内山地起伏，海拔落差大，当强降温来临时，剧烈的降温和雨雪天气常给本区带来严重的经济损失。强降温既严重危害农业生产，也常使道路积雪、积冰引起交通中断，电线积冰造成电力中断，水管冻裂使居民饮水困难。

由图4-9-1可知，万州区由中部主城附近低海拔地区向四周高海拔地区强降温风险逐渐增加，因此，在西北、西南、东南部边缘高山地区要更加注意强降温的防范。

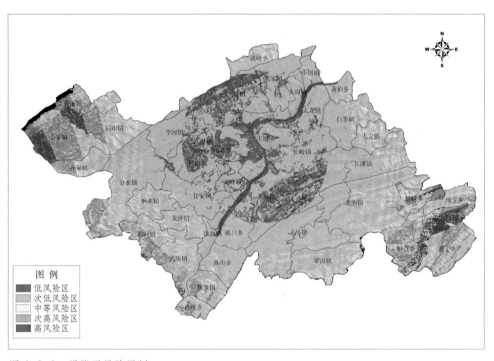

图 4-9-1　强降温风险区划

十、大雾

大雾是指悬浮于近地面层中的大量水滴或冰晶微粒使水平能见度小于 1 千米的天气现象。大雾不仅影响水陆空交通安全，而且还给工农业生产和人民身体健康带来危害。

  万州区平均雾日由过去的 50 余天下降到现在的 20 天左右，秋冬季节为雾的高发季节，发生在冬季的雾约占年雾日数的 30％，其中，12 月和 1 月雾日最多。冬季雾的生成时间多集中在 03—08 时，其中在 07—08 时频率最大；春秋季雾的生成时间主要集中在 04—07 时，以 06 时出现频率最大。雾平均开始时间是 06:27，结束为 09:02，平均持续时间 260 分钟。

  由图 4-10-1 可知，万州区铁峰山到分水北部一线山区、主城区、长江及支流沿岸平坝河谷为高风险区。另外，一些水库、湖泊、溪流、山脉等也是大雾的高发区，需特别注意预防大雾带来的危害。

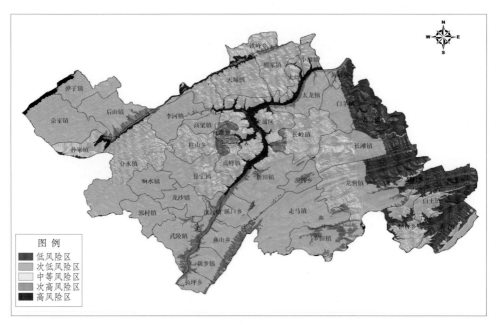

图 4-10-1　大雾灾害风险区划